服装设计与工艺职业教育新课改教程

# 服装设计实用教程

主　编　严亦红

参　编　董世友　尹世芳

机 械 工 业 出 版 社

本书内容操作性和针对性强、图文并茂，知识讲解深入浅出，循序渐进地剖析了CorelDRAW X7、Photoshop CS6在服装领域中的应用以及操作技法，具有较强的系统性和理论性以及较高的专业性和实用性。本书采用灵活多变的绘图技巧，具有较强的启发性，读者可以根据自己的实际情况选择适合自己的方法，选定的案例更贴近市场、贴近生活。

本书可作为各职业院校服装设计及相关专业的教材也可作为企业培训教材及计算机美术爱好者的自学参考用书。

本书配有电子课件和素材，读者可到机械工业出版社教育服务网（www.cmpedu.com）以教师身份免费注册并下载，或联系编辑（010-88379194）索取。

## 图书在版编目（CIP）数据

服装设计实用教程/严亦红主编．—北京：机械工业出版社，2019.5（2024.9重印）
服装设计与工艺职业教育新课改教程
ISBN 978-7-111-62567-4

Ⅰ．①服…　Ⅱ．①严…　Ⅲ．①服装设计—职业教育—教材　Ⅳ．①TS941.2

中国版本图书馆CIP数据核字（2019）第072264号

机械工业出版社（北京市百万庄大街22号　邮政编码100037）
策划编辑：梁　伟　　责任编辑：梁　伟　李绍坤
责任校对：马立婷　　封面设计：鞠　杨
责任印制：李　昂

北京捷迅佳彩印刷有限公司印刷

2024年9月第1版第6次印刷
184mm×260mm · 10.75印张 · 259千字
标准书号：ISBN 978-7-111-62567-4
定价：36.00元

电话服务　　　　　　　　　　网络服务
客服电话：010-88361066　　机　工　官　网：www.cmpbook.com
　　　　　010-88379833　　机　工　官　博：weibo.com/cmp1952
　　　　　010-68326294　　金　书　网：www.golden-book.com
封底无防伪标均为盗版　　　机工教育服务网：www.cmpedu.com

# 前　言

CorelDRAW 是一款功能强大的平面设计软件，广泛应用于矢量图绘制、位图编辑、版式设计、包装设计、服装设计等领域。越来越多的服装企业选用 CorelDRAW 软件进行辅助产品的设计与开发。该软件是服装设计师以及设计爱好者首选的图形绘制及编辑工具。CorelDRAW X7 版本在功能及人性化操作方面也达到了一个新高度。

本书是利用计算机平面设计软件—— CorelDRAW 进行服装款式设计、时装画设计、服装样板制作等的专业技法类教程。本书采用项目式教学法，可以让读者在较短的时间内掌握软件的操作技巧，快速提高利用计算机软件辅助服装设计的能力。

本书共有 14 个项目，内容简要介绍如下：

导学，介绍了 CorelDRAW X7 的基础知识。通过有针对性的实例介绍了 CorelDRAW X7 的操作界面、图形文件的新建与基本操作。知识拓展介绍了常用文件格式、图像及其类型、分辨率、色彩模式等知识。

项目 1 介绍了在服装设计中所要求的 CorelDRAW X7 的绘图环境与常用工具和 CorelDRAW X7 中直裙款式设计的方法与步骤。学习掌握 CorelDRAW X7 的绘图技巧，应由简单入手，循序渐进，学会综合运用各种工具，掌握绘图的要领。知识拓展介绍了工具箱、下拉菜单、对象的轮廓编辑、路径、对象的填充等知识。

项目 2 介绍了在 CorelDRAW X7 中设计牛仔裤款式的方法与步骤。掌握牛仔裤款式设计的技巧，举一反三，可以变化设计，绘制出其他任何款式的裤子。知识拓展介绍了"挑选工具""形状工具"的使用方法。

项目 3 介绍了在 CorelDRAW X7 中设计针织衫款式的方法与步骤。本项目采用与项目 2 完全不同的绘图技巧，给读者带来 CorelDRAW X7 强大功能的神奇体验，让读者体会到借助于现代科学技术可以使设计绘图更简单、更大众化。知识拓展介绍了基本几何图形矩形和椭圆形的绘制。

项目 4 介绍了在 CorelDRAW X7 中设计女式圆角单粒扣西服款式的方法与步骤。与之前的方法不同的是采用了设置矩形高度和宽度数值的方法，由简到繁、由易到难，使读者在掌握各种款式设计的同时学会不同的绘图技巧。知识拓展介绍了对象的变换。

项目 5 介绍了在 CorelDRAW X7 中设计内衣款式的方法与步骤。以典型实例展示 CorelDRAW X7 的图案填充与立体化效果，让服装款式设计图具有更加逼真的视觉效果。知识拓展介绍了对象的复制、粘贴与删除以及对象的群组与解组。

项目 6 介绍了在 CorelDRAW X7 中设计假二件式连衣裙款式的方法与步骤。以市场流行的时尚连衣裙款式为实例，能引发读者的兴趣，同时能为设计创作带来启发。知识拓展介绍了对象的锁定与解锁、对象的顺序等基本操作。

项目 7 介绍了在 CorelDRAW X7 中设计纽扣、拉链、镶钻腰带等服饰配件的方法与步骤。

运用实例使读者熟练掌握对象的修剪等基本操作以及"交互式调和工具""交互式填充工具"的使用方法。知识拓展介绍了对象的焊接、相交。

项目 8 介绍了在 CorelDRAW X7 中设计男 T 恤印花的方法与步骤。以生产的实例分析男 T 恤印花设计的完成过程，是对印花设计过程的清晰剖析。通过学习，读者可以真实体会到设计师的印花设计工作。知识拓展介绍了对象的排列与对齐。

项目 9 介绍了在 CorelDRAW X7 中运用时装画人体表现技法的方法与步骤。尤其是在 CorelDRAW X7 中利用各种工具表现时装人体及服饰的技巧、表现服装面料质感的技巧以及变化运用的方法。知识拓展介绍了"基本形状工具"的使用方法。

项目 10 介绍了在 CorelDRAW X7 中制作直裙样板的方法与步骤。重点是与服装结构制图相对应的绘图工具及方法以及运用 CorelDRAW X7 的操作命令进行样板的放缝等技巧。知识拓展介绍了表格的绘制。

项目 11 介绍了使用 CorelDRAW X7 结合 Microsoft Excel 制作生产设计单、生产制作单、工艺制造单等。以生产实例让读者了解服装设计跟单所要绘制的设计制作单。这也是服装设计师所必须具备的基本常识。

项目 12 介绍了在 Photoshop CS6 中设计背心款式的方法与步骤，由简单入手学习使用 Photoshop CS6 完成基本辅助服装设计的技巧。知识拓展介绍了对象的缉明线处理、对象的填充。

项目 13 介绍了在 Photoshop CS6 中设计套装款式的方法与步骤。通过输入图片为参考的方式，利用"贝塞尔工具"将人体和时装勾勒下来，再进行款式修改及填色，方便初学者学习服装设计。知识拓展介绍了"钢笔工具"的使用方法。

项目 14 介绍了在 Photoshop CS6 中设计服装效果图的方法与步骤。以绘图板结合手绘基础绘制服装效果图，利用"橡皮擦工具"等调整服装效果图使其更具美感。知识拓展介绍了"缩放工具"的使用方法。

本书由严亦红主编，董世友和尹世芳参加编写。由于编者水平有限，书中难免有疏漏之处，恳请广大读者批评指正。

编　者

# 目　　录

# 导　　学

■职业应用

　　学习本书后可从事服装设计、服装设计助理、服装跟单、服装 CAD 操作员、版式设计和包装设计等工作。从事服装设计等相关工作时应注意培养绘图技巧、审美能力、创新能力、收集最新资讯的能力及沟通表达能力。多名学生通过学习本书内容，熟练掌握了运用 CorelDRAW、Photoshop 软件辅助进行服装设计的操作技术，并且在学习期间能按照老师的要求收集大量的时装流行资讯，学会了绘制各种各样的服装款式设计图。这些学生毕业后在服装公司从事服装设计工作，有的担任公司的品牌服装设计主管，有的开发创立了自己的服装品牌，从事相关的设计工作，取得了成功。

■新兵训练营

## 1．CorelDRAW X7 的操作界面

图 0-1 所示为打开 CorelDRAW 文件后的界面，主要包括以下 9 项内容。

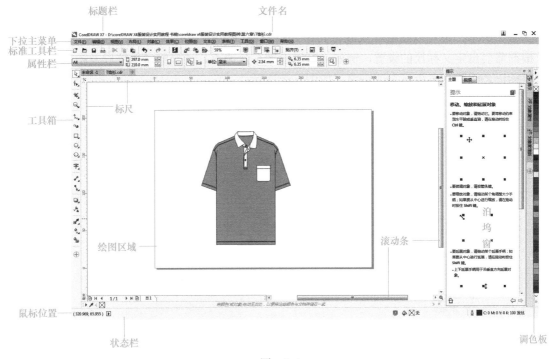

图　0-1

1）标题栏可显示应用程序的名称、图形的文件名，如果文件已保存则还会显示保存路径。

其右有三个控制窗口的按钮，分别为"最小化""最大化""关闭"按钮。

2）下拉主菜单（Main menu）主要控制 CorelDRAW 的整体环境，其下面含有多级子菜单，可以实现 CorelDRAW 的各种功能。根据不同的菜单名称可以看出该菜单包含的相关命令的作用。

3）标准工具栏将常用的操作命令以图标的形式放在 CorelDRAW 界面上，包括"新建""打开""保存""导入""导出""复制""粘贴""显示比例"等。通过这些命令可以快速编辑和操作图形。

4）属性栏显示的是所选择工具的控制选项，根据所选择工具的不同而变化。未选取任何工具时，会显示页面等设置的相关选项。

5）工具箱在操作界面中的默认位置是在界面最左侧。工具箱是各种工具的集合，用户可以从中选择工具，也可以将鼠标指针放置到工具箱顶部，按住鼠标左键，将工具箱向中间的绘图区域拖动，以浮动工具栏的形式显示。工具箱中右下角带三角形的工具图标都有相关的隐藏工具。按住该图标，可在弹出的工具条中选择隐藏的工具。

6）绘图区域是指操作图形时的页面，该页面所包含的图形可以被打印出来，不在页面中的区域则不会打印出来。根据页面的方向可以将其分为两类：一类为横向页面，另一类为纵向页面。

7）泊坞窗是指包含与某个工具或任务相关的可用命令和设置的窗口。例如，对象管理泊坞窗可以对图形进行图层的管理。调和泊坞窗可以用于设置调和步长、调和加速、调和颜色以及杂项调和选项。造型泊坞窗的主要作用是修剪绘制的图形，通常用于图形之间的修剪、焊接等操作。对象属性泊坞窗显示的是当前选择图形的属性，包括填充类型、边缘轮廓等。

8）标尺。利用标尺可以准确地绘制、缩放和对齐对象。可以在绘图窗口中显示标尺，如图 0-2 所示；也可以隐藏标尺或将其移到绘图窗口的另一位置（结合 <Shift> 键）；还可以根据需要自定义标尺的设置。例如，可以设置标尺原点、选择测量单位以及指定每个完整单位标记之间显示多少标记或刻度，如图 0-3 所示。

图　0-2

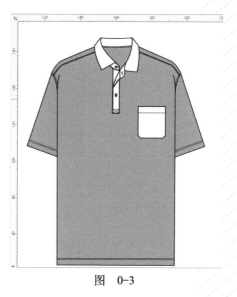

图　0-3

9）调色板一般默认位于工作区的右边，利用调色板可以快速选择轮廓色和填充色。选定一种颜色后，单击可以填充对象内容，单击鼠标右键则可以描绘对象轮廓。选定第一个图标⊠单击可以取消填充对象，单击鼠标右键则可以取消对象轮廓。

※ 提示　　初学者经常会遇到一个常见问题，就是在使用的过程中未控制好鼠标，不小心关闭了调色板或者工具箱等。在窗口菜单中可以选择调色板命令恢复默认的调色板，在主菜单或其他地方的灰色空白处单击鼠标右键，在弹出的快捷菜单中选择并打开工具箱。

### 2. 在 CorelDRAW X7 中新建文件

下面通过一个简单实例说明建立一个新 CorelDRAW 文件的基本过程。

（1）新建一个文件

新建文件有两种方式：

1）选择"文件"→"新建"命令。

2）直接单击"新建文件"按钮。

以上两种方式可以直接创建一个新的图形文件，如图 0-4 所示。

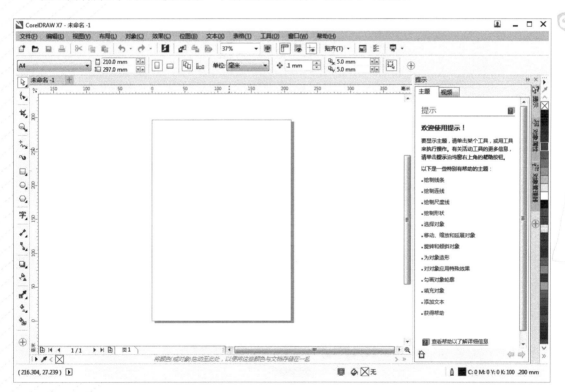

图　0-4

（2）从模板新建文件

选择"文件"→"从模板新建"命令，弹出"从模板新建"对话框，如图 0-5 所示。可以选择和预览模板的样式，然后根据需要选择合适的模板。例如在"查看方式"下拉列表中选择"行业"，单击"全部"，会出现多种行业模板如土木工程手册、环保非营利手册、舞蹈教室手册等（需要注册高级会员方可使用），如图 0-6 所示。

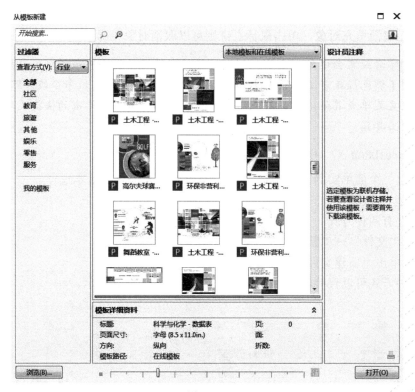

图 0-5

图 0-6

**3. CorelDRAW X7 的文件操作**

（1）打开文件

打开文件有 4 种方式：

1）选择"文件"→"打开"命令。

2）直接单击"打开"按钮 。

3）通过组合键 <Ctrl+O> 打开文件。

以上这 3 种方式可以打开"打开绘图"对话框，在该对话框中可以预览、查看图形效果及详细信息等，如图 0-7 所示。

图　0-7

4）选择"文件"→"打开最近用过的文件"命令，可以打开上一次使用过的文件，如图 0-8 所示。

（2）保存文件

保存文件有 4 种方式：

1）执行"文件"→"保存"命令。

2）单击"保存"按钮 。

3）通过组合键 <Ctrl+S> 保存文件。

此时出现"保存绘图"对话框，如图 0-9 所示。非首次保存，直接保存文件于设定的路径中，并且不再出现对话框。

（3）另存为文件

另存为文件是指保存文件并更名或更改存储路径的命令。另存为文件有两种方式：

1）选择"文件"→"另存为"命令。

2）通过 <Ctrl+Shift+S> 组合键保存文件。

此时出现"保存绘图"对话框，选择存储文件的路径，单击"确定"按钮保存文件，单击"取消"按钮放弃保存。

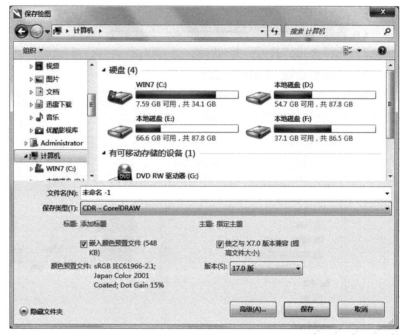

图 0-8  　　　　　　　　　　　　图 0-9

（4）关闭文件

关闭文件是指关闭完成编辑或已经打开的图形文件。关闭图形文件后会显示出另外已经打开的图形文件，但如果只打开了一个图形文件，则关闭后只显示应用程序界面。如果对打开的图形文件进行了编辑操作，那么在关闭之前会提示用户对文件进行保存，关闭文件有以下两种方式。

1）单击窗口右上方的"关闭"按钮 ✕ 。

2）选择"文件"→"关闭"命令。

（5）导入和导出文件

导入文件的目的是在 CorelDRAW X7 图像窗口中打开其他格式的文件，并应用其所提供的工具及命令对图像进行编辑。

导入文件有 3 种方式：

1）执行"文件"→"导入"命令。

2）单击"导入文件"按钮 🗗 。

3）使用 <Ctrl+I> 组合键导入文件。

导入文件的具体步骤如下所示。

步骤 1：启动 CorelDRAW X7，创建一个新文件，选择"文件"→"导入"命令，如图 0-10 所示。

步骤 2：在"导入"对话框中选择要导入图形的存储路径，并选择要导入的图形，单击"导入"按钮，如图 0-11 所示。

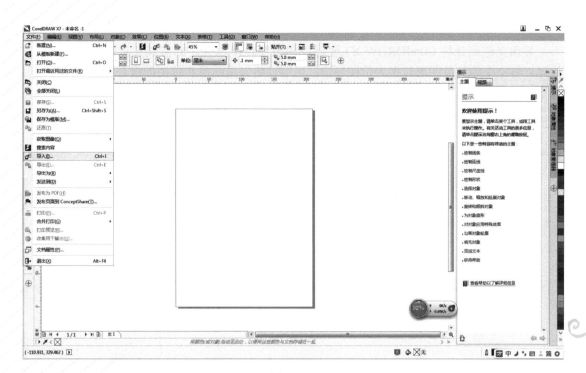

图　0-10

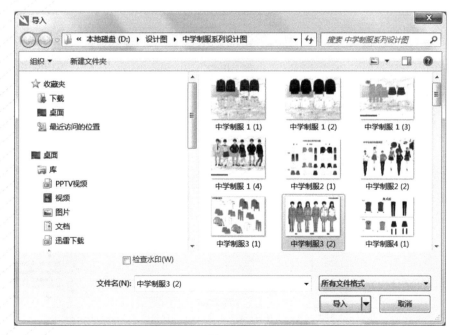

图　0-11

步骤3：鼠标指针变成了一个黑色图标，周围显示该图形的相关信息，如图0-12所示。

步骤4：在绘图区域合适的位置单击或者拖动鼠标确定导入图像的位置及大小，如图0-13所示。

步骤5：确定位置及大小后释放鼠标左键即可在页面中导入所需的图形，如图0-14所示。

对已经导入的文件，可以利用"位图"菜单进行"快速描摹"等编辑操作，如图0-15所示。

导出文件则是将 CorelDRAW X7 编辑后的图像转换为另外的格式并存储，通过导出文件可以将原来的矢量图形转换为位图导出，也可以将矢量图形和位图的组合共同转为位图后导出。导出后的图形不能再像矢量图形一样重新编辑，要将其作为整体使用。

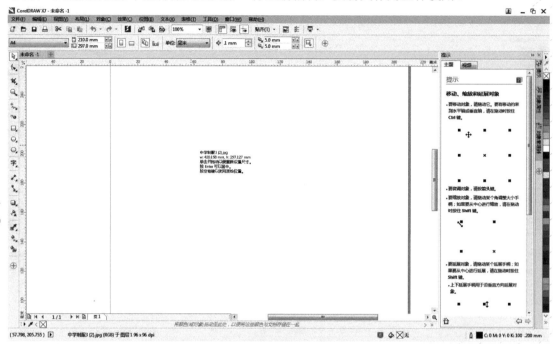

图　0-12

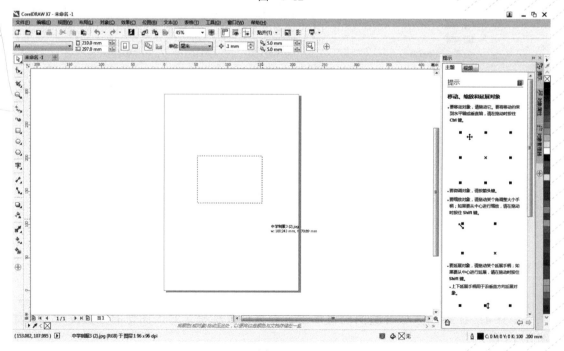

图　0-13

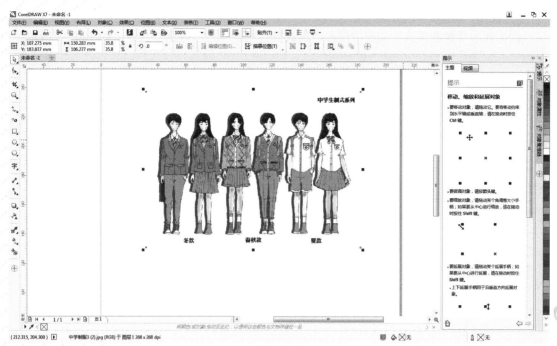

图　0-14

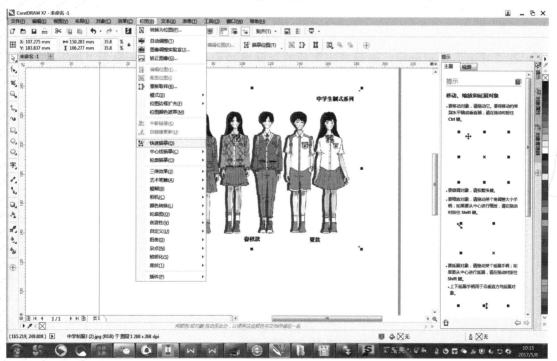

图　0-15

导出文件时可以将窗口中的所有图形都导出为一个新图形，也可以只导出选中的图形。

导出文件也有 3 种方式：

1）执行"文件"→"导出"命令。

2）单击"导出文件"按钮 <img>。

3）使用 <Ctrl+E> 组合键导出文件。

例如利用"挑选工具" 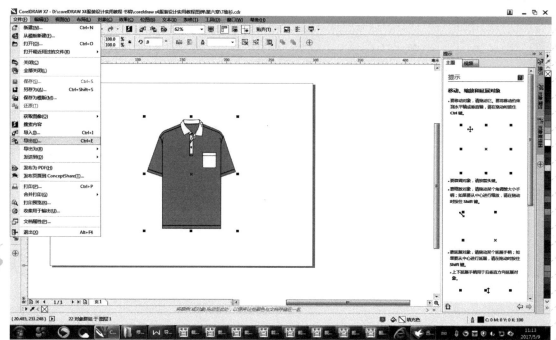 选中图形，再选择"文件"→"导出"命令，如图 0-16 所示。

图　0-16

在"导出"对话框中，选择导出图像的存储路径和保存类型（一般为"JPG-JPEG 位图"），如图 0-17 所示。勾选"只是选定的"复选框，单击"导出"按钮，如图 0-18 所示。

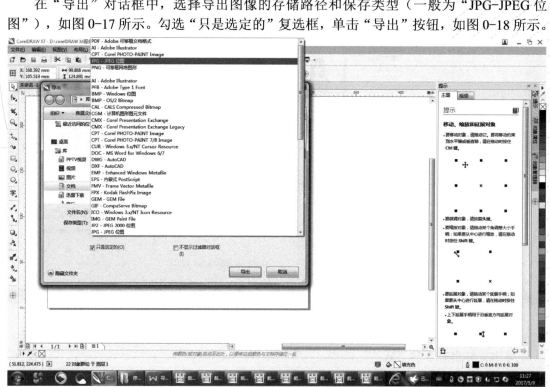

图　0-17

图　0-18

在弹出的"转换为位图"对话框中设置合适的图像大小，单击"确定"按钮。

在弹出的"导出到 JPEG"对话框中，设置颜色模式、质量等参数，单击"确定"按钮，如图 0-19 所示。

图　0-19

11

## ■知识拓展

### 1．文件的格式

CDR 图像格式是 CorelDRAW 专用的图形文件格式，以下列举 CorelDRAW X7 中常用的文件格式。

（1）JPEG 图像格式

JPEG（Joint Photographic Experts Group，联合图像专家组）图像格式的扩展名是".jpg"。它利用一种失真式的图像压缩方式将图像压缩在很小的储存空间中，其压缩比率通常在10:1 ～ 40:1 之间。这样图像可以占用较小的空间，所以很适合应用在网页中。JPEG 格式的图像主要压缩的是高频信息，对色彩信息保留较好，因此也普遍应用于需要连续色调的图像中。

（2）CDR 图像格式

CDR 图像格式的扩展名是 .cdr。由于 CorelDRAW 是矢量图形绘制软件，所以 CDR 格式可以记录文件的属性、位置和分页等。但它的兼容度比较差，虽然在所有 CorelDRAW 应用程序中均能够使用，但其他图像编辑软件却打不开此类文件，而且不同版本 CorelDRAW 所产生的 CDR 文件是不一样的，要用相同版本的软件才能打开。

（3）TIF 图像格式

TIF（Tagged Image File Format）图像格式的扩展名是 .tif。它是一种失真的压缩格式（最高也只能做到 2 ～ 3 倍的压缩比），能保持原有图像的颜色及层次，但占用空间很大。例如，一个 200 万像素的 TIF 图像，几乎要占用 6MB 的存储容量，故 TIF 图像格式常用于较专业的用途，如书籍出版、海报印刷等，极少应用于互联网上。

### 2．图像

图像是以数字方式来记录、处理和保存的文件，有时人们也称它为数字化图像。图像有两种类型，分别是矢量式图像与位图图像。这两种图像各有优点与缺点，不过却能够相互弥补各自的不足。建议在对图像进行处理时将两种形态的图像交叉使用，这样才能达到良好的效果。

1）矢量式图像以数学的矢量方式来记录图像的内容，它存储的数据称为矢量数据。矢量式图像的内容以线条和色彩为主，例如，一个图形的数据只需记录 4 个端点的坐标、图形中的粗细和颜色等即可。因此这种矢量文件所占的空间很小，很容易进行放大、缩小或旋转等操作，而且不会失真。但是以这种方式储存的图像有一个致命的缺点：很难制作颜色丰富、变化多样的图像，绘制出来的图形无法达到逼真的效果。目前制作矢量式图像的软件很多，主要包括 Flash、Illustrator、CorelDRAW 等。

2）位图图像又叫点阵式图像，是矢量式图像的好帮手。它弥补了矢量式图像的缺点，能够制作出色彩和亮度变化丰富的图像，并且可以逼真地再现这个世界，同时很容易在不同软件之间交换文件格式。位图图像利用许多不同色彩的点（也就是像素）组合成一幅完整的图像，但是由于位图图像的存储单元是像素，所以在保存文件时需要记录每一个像素的位置与颜色信息，因此会占用很大的文件空间，导致处理速度放慢，而且图像在缩放、旋转过程中容易产生失真。目前制作位图图像的软件包括 Photoshop、Painter、PhotoImpact 等。

区分这两种图像的最好的方法就是：矢量图无论放大多少倍其画质都是清晰的，而位图则不然，如果一张位图的放大倍数超过了其存储时所允许的倍数，那么这张位图的画质就会产生明显的变化，放大得越大，其位图的构成原理就会越明显（将会清晰地看到点阵的组成），画质将会出现严重问题。

### 3．图像色彩模式的相关概念

（1）图像分辨率

图像分辨率就是指每平方英寸大小的图像内有多少个像素，分辨率的单位为 dpi。例如，100dpi 就是表示该图像每平方英寸含有 100×100 个像素。

分辨率的大小直接影响到图像的质量，分辨率越高图像越清晰，所形成的文件越大，所需的计算机内存也就越大，CPU 处理的时间也会更长。所以在对图像进行处理的过程中，应该针对不同的用途设置不同的分辨率，这样才能更经济、更有效地制作高品质的图像。图像的尺寸大小、图像的分辨率和图像文件大小之间有着密切的联系。同一个分辨率的图像，如果尺寸不同，文件大小也不同，尺寸越大文件也就越大。同样，增加一个图像的分辨率也会使图像文件变大。

（2）图像的色彩模式

在进行图形图像处理时，色彩模式以建立好的描述和重现色彩的模型为基础，每一种色彩模式都有它自己的特点和适用范围。可以按照制作要求来确定色彩模式，并且可以根据需要在不同的色彩模式之间进行转换。下面介绍一些常用的色彩模式。

1）RGB 色彩模式。自然界中绝大部分的可见光谱可以用红、绿、蓝三色光按不同比例和强度的混合来表示。R 代表红色，G 代表绿色，B 代表蓝色，RGB 模型也称为加色模型，通常用于光照、视频和屏幕图像编辑。RGB 色彩模式使用 RGB 模型为图像中每一个像素的 RGB 分量分配了一个 0 ～ 255 的强度值。例如，纯红色的 R 值为 255，G 值为 0，B 值为 0；灰色的 R、G、B 三个值相等（除了 0 和 255）；白色的 R、G、B 值都为 255；黑色的 R、G、B 值都为 0。RGB 图像只使用 3 种颜色，使它们按照不同的比例混合，就可在屏幕上重现 16 581 375 种颜色。

2）CMYK 色彩模式。以打印油墨在纸张上的光线吸收特性为基础，图像中每个像素都是由青（C）、红（M）、黄（Y）和黑（K）色按照不同的比例合成的。每个像素的每种印刷油墨会被分配一个百分比值，最亮（高光）的颜色分配较低的印刷油墨颜色百分比值，较暗（暗调）的颜色分配较高的百分比值。例如，明亮的红色可能会包含 2% 青色、93% 红色、90% 黄色和 0% 黑色。在 CMYK 图像中，当所有 4 种分量的值都是 0% 时就会产生纯白色。CMYK 色彩模式的图像中包含 4 个通道。人们所看见的图形是由这 4 个通道合成的效果。在制作用于印刷色打印的图像时，要使用 CMYK 色彩模式。RGB 色彩模式的图像转换成 CMYK 色彩模式的图像时会产生分色。如果用户使用的图像素材为 RGB 色彩模式，最好在编辑完成后再转换为 CMYK 色彩模式。

　　3）Bitmap（位图）色彩模式。位图色彩模式的图像只由黑色与白色两种像素组成，每一个像素用"位"来表示。"位"只有两种状态：0 表示有点，1 表示无点。位图色彩模式主要用于早期不能识别颜色和灰度的设备。如果需要表示灰度，则需要通过点的抖动来模拟。位图色彩模式通常用于文字识别，如果扫描需要使用 OCR（光学文字识别）技术识别的图像文件，则必须将图像转化为位图模式。

## ■实战强化

　　1）熟悉 CorelDRAW X7 的操作界面。

　　2）新建一个图形文件。

　　3）对新建文件进行各种操作。

　　4）了解知识拓展内容。

# 项目 1　直裙款式设计

## 职业能力目标

1）掌握绘图环境的设置。

2）能使用"矩形工具""手绘工具"。

3）掌握"贝塞尔工具""形状工具"的使用方法。

## 项目情境

直裙是外形为方形的短裙，具有朴实、大方的审美特征，是服装中较为简单的一个款式，容易掌握。直裙款式设计主要使用"矩形工具"与"形状工具"。

## 项目分析

初次绘制款式图，能否正确填充颜色是检验成功与否的准则。培养良好的绘图习惯，尽量减少错误的发生，提高绘图的质量与效率，是学好的关键之一。

## 项目实施

### 1. 直裙款式设计的绘图环境

（1）新建图纸。

打开 CorelDRAW X7，选择"文件"→"新建"命令，如图 1-1 所示。创建一张空白图纸，默认大小为 A4，文件名扩展名为 .cdr，如图 1-2 所示。

（2）图纸的大小、方向及单位设置。

1）"交互式属性栏"如图 1-3 所示。第 1 列是图纸规格，单击其右下角的下拉按钮 ，展开下拉菜单，有多种规格的图纸可供选择，如图 1-4 所示。

2）属性栏的第 3 列是"图纸方向设置"按钮 。单击"横向"或"纵向"按钮，可设置图纸的摆放方向。属性栏第 5 列是绘图数据单位的设置菜单，单击下拉按钮，展开绘图数据单位设置下拉菜单，可对绘图数据单位进行选择，一般默认设置为"厘米"，如图 1-5 所示。

（3）比例设置。

1）直裙款式设计在 A4 纸上绘图要缩小其比例。双击横向标尺，打开"选项"对话框，执行左侧选项区中的"文档"→"辅助线"→"标尺"命令，单击"标尺"选项区右下角的"编辑缩放比例"按钮，如图 1-6 所示。

2）在弹出的"绘图比例"对话框中，将"实际距离"设置为"5.0"厘米，单击"确定"按钮，完成 1:5 的绘图比例设置，如图 1-7 所示。

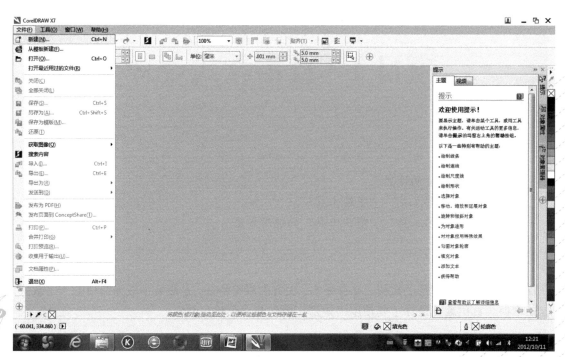

图　1-1

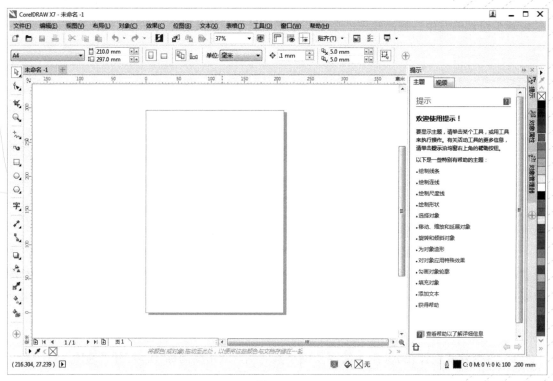

图　1-2

图　1-3

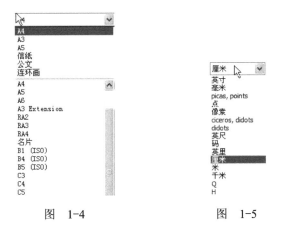

图　1-4　　　　　　　　　图　1-5

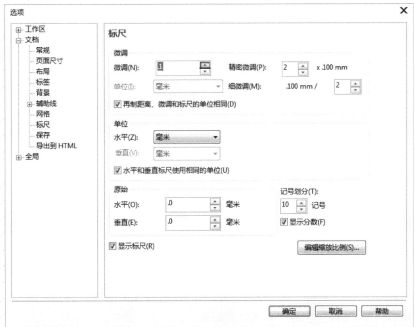

图　1-6

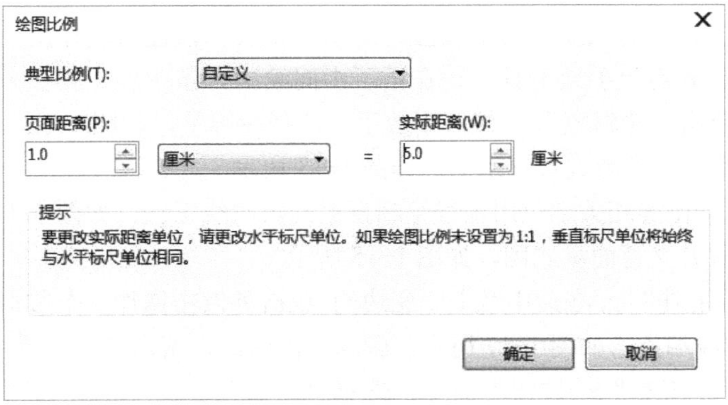

选项

- 工作区
- 文档
  - 常规
  - 页面尺寸
  - 布局
  - 标签
  - 背景
  - 辅助线
  - 网格
  - 标尺
  - 保存
  - 导出到 HTML
- 全局

**标尺**

微调

微调(N): ［1］　　　精密微调(P): ［2］ x .100 mm

单位(T): 毫米　　　细微调(M): .100 mm / ［2］

☑ 再制距离、微调和标尺的单位相同(D)

单位

水平(Z): 毫米

垂直(V): 毫米

☑ 水平和垂直标尺使用相同的单位(U)

原始　　　　　　　　　记号划分(T):

水平(O): .0 毫米　　　10 记号

垂直(E): .0 毫米　　　☑ 显示分数(F)

☑ 显示标尺(R)　　　　　编辑缩放比例(S)...

确定　　取消　　帮助

---

绘图比例

典型比例(T): 自定义

页面距离(P):　　　　　　实际距离(W):

1.0 厘米 ＝ 5.0 厘米

提示

要更改实际距离单位，请更改水平标尺单位。如果绘图比例未设置为1:1，垂直标尺单位将始终与水平标尺单位相同。

确定　　取消

图　1-7

### 2．直裙款式设计的一般步骤

（1）绘制直裙轮廓

双击水平标尺，执行"选项"→"辅助线"→"水平"命令，将"水平"设置为4、0、-10、-20、-60，"垂直"设置为-20、-15、0、15、20，执行"视图"→"对齐辅助线"命令。利用"矩形工具" ▫ 将属性栏中的"轮廓宽度" 🔲 3.0 mm ▾ 设置为"3.0mm"，绘制裙身与裙腰矩形，如图1-8所示。

（2）修改曲线

利用"形状工具" ▸ 选中裙身矩形，利用属性栏中的"转换为曲线工具" ◌ ，移动节点，如图1-9所示。在需要变化为曲线的部位单击，使用属性栏中的"转换直线为曲线工具" ✏ ，如图1-10所示。

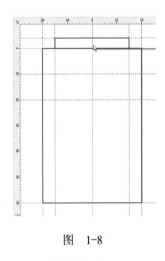

图 1-8

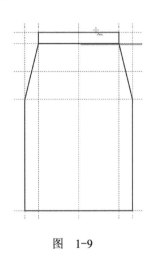

图 1-9

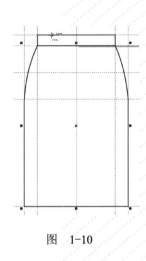

图 1-10

（3）绘制裙省

选中"手绘工具" ✍ ，参照辅助线绘制1个长度为10cm的垂直线作为裙省。执行"排列"→"变换"→"大小"命令，再制作3个裙省，分别放在两侧对称的位置，这样就完成了直裙的正面款式设计图，如图1-11所示。

（4）绘制背面款式图

1）利用"挑选工具" ▸ 选中整个裙子的正面款式图，右键拖动同时按住 <Ctrl> 键保持水平方向至合适的位置，单击"复制"按钮再制作出一个正面款式图。利用"手绘工具" ✍ 在裙子中间绘制一条中线，腰头绘制成三角形，单击"轮廓笔" 🖊 按住不放手，选择轮廓笔，如图1-12所示，弹出"轮廓笔"参数设置对话框，如图1-13所示。

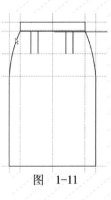

图 1-11

2）在拉链、腰围等相关部位用虚线绘制直裙的辑明线工艺，如图1-14所示。

（5）绘制裙片开叉背面款式图，如图1-15所示

1）利用"形状工具" ▸ ，在后中线上距底边约10cm处双击增加一个节点，如图1-16所示。

2）双击后中线端点，如图1-17所示，删除一段中线，留出开叉位置，如图1-18所示。

3）单击"手绘工具" ✍ 按钮不放手，选择"贝塞尔工具" ✍ ，如图1-19所示，绘制一个封闭的三角形，如图1-20所示。利用"挑选工具"选中三角形，如图1-21所示。

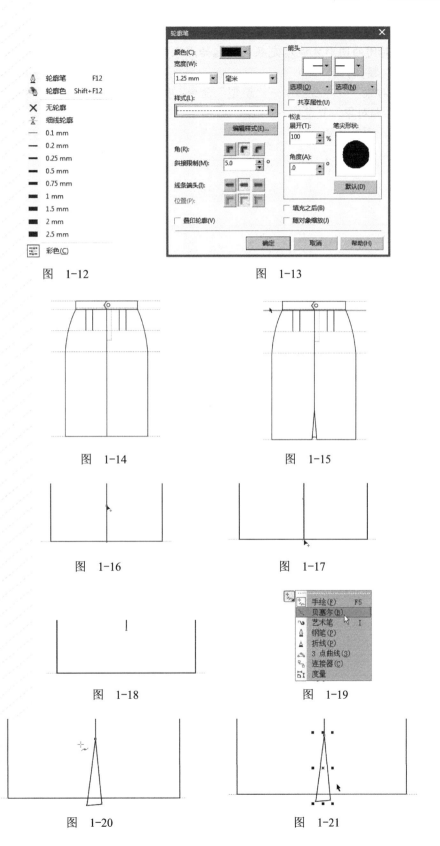

图　1-12　　　　　　　　　　　图　1-13

图　1-14　　　　　　　　　　　图　1-15

图　1-16　　　　　　　　　　　图　1-17

图　1-18　　　　　　　　　　　图　1-19

图　1-20　　　　　　　　　　　图　1-21

✂ 提示　运用"贝塞尔工具"的技巧是：按照顺时针方向或者逆时针方向绘制循环封闭的线，只有封闭的图形才能填充颜色。起始点未能闭合时，可以单击属性栏"自动闭合曲线"按钮 ⊃ 。

4）执行"对象"→"造形"→"造型"命令，如图 1-22 所示，打开"造型"泊坞窗，勾选"保留原始源对象"复选框，如图 1-23 所示。

图　1-22　　　　　　　　　　　　　　图　1-23

5）在直裙后片任意空白处单击，完成修剪。用"挑选工具"移开三角形，检查一下是否已修剪好，如图 1-24 所示。单击标准工具栏中的"还原"按钮 ↶ 恢复刚才位置，利用"形状工具"调整三角形底边，完成后片开叉，如图 1-25 所示。

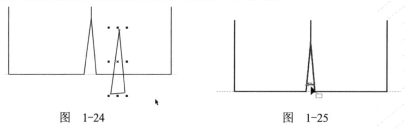

图　1-24　　　　　　　　　　　图　1-25

（6）完成直裙款式设计，保存文件

✂ 提示　为避免绘图过程中出现突然断电或程序问题等导致图形丢失，可在绘图之前设定自动保存。执行"工具"→"选项"命令，打开"选项"对话框，在对话框左侧列表中，选择"工作区"→"保存"命令，设置自动保存的间隔时间。选择"特定文件夹"→"浏览"，可以指定自动存储的路径，方便后面查找图形，如图 1-26 所示。

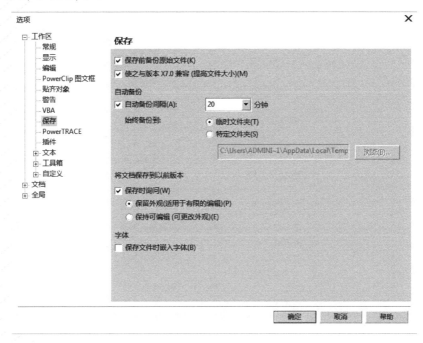

图　1-26

## ■触类旁通

其他半裙款式图例如图 1-27 ~ 图 1-29 所示，有兴趣的读者可以按这些裙子的款式进行设计变化。

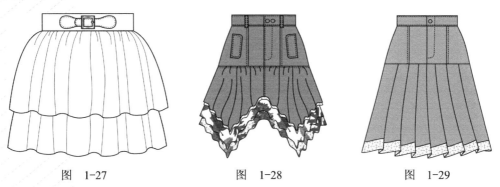

图　1-27　　　　　　图　1-28　　　　　　图　1-29

## ■知识拓展

### 1. 工具箱

CorelDRAW X7 中常用的绘图工具在工具箱中，如图 1-30 所示。单击右下角带有黑色三角形的工具图标会弹出子菜单，子菜单带有相应的工具。后面将根据操作实例分别介绍常用工具的使用。

### 2. 下拉菜单

下拉菜单中与绘图相关的指令如图 1-31 所示。

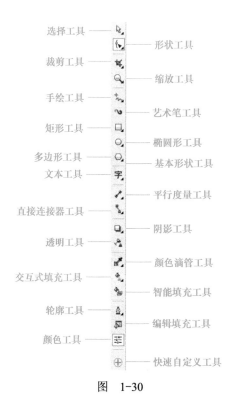

选择工具
形状工具
裁剪工具
缩放工具
手绘工具
艺术笔工具
矩形工具
椭圆形工具
多边形工具
基本形状工具
文本工具
平行度量工具
直接连接器工具
阴影工具
透明工具
颜色滴管工具
交互式填充工具
智能填充工具
轮廓工具
编辑填充工具
颜色工具
快速自定义工具

图 1-30

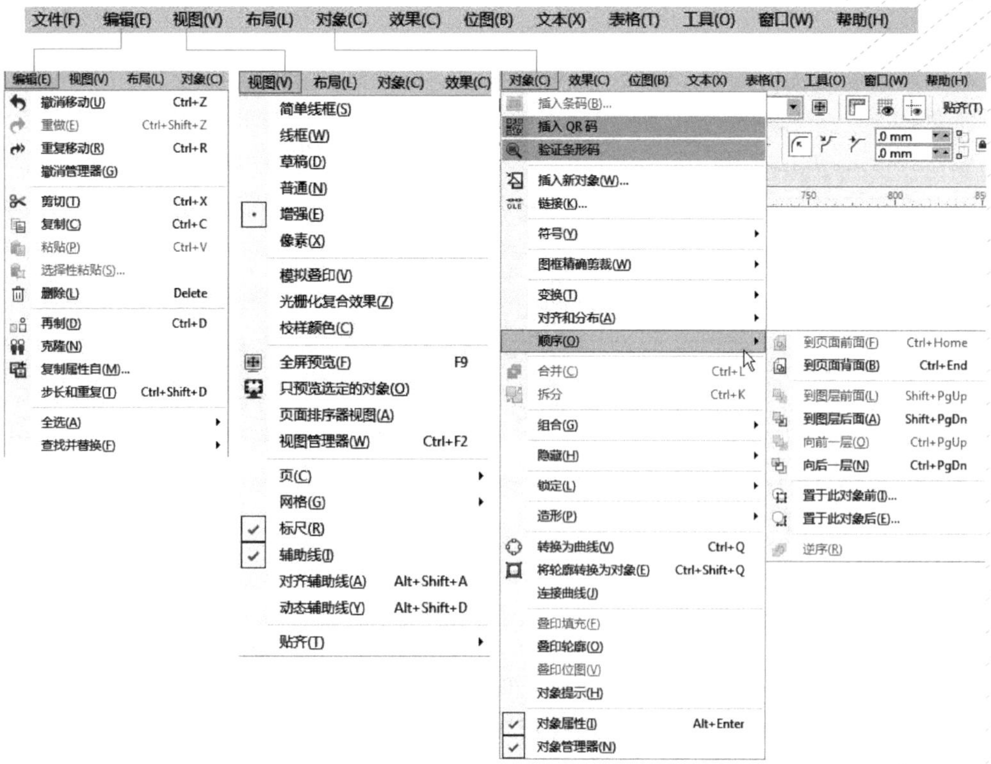
文件(F) 编辑(E) 视图(V) 布局(L) 对象(C) 效果(C) 位图(B) 文本(X) 表格(T) 工具(O) 窗口(W) 帮助(H)
撤消移动(U) Ctrl+Z
重做(E) Ctrl+Shift+Z
重复移动(R) Ctrl+R
撤消管理器(G)
剪切(T) Ctrl+X
复制(C) Ctrl+C
粘贴(P) Ctrl+V
选择性粘贴(S)...
删除(L) Delete
再制(D) Ctrl+D
克隆(N)
复制属性自(M)...
步长和重复(T) Ctrl+Shift+D
全选(A)
查找并替换(F)
简单线框(S)
线框(W)
草稿(D)
普通(N)
增强(E)
像素(X)
模拟叠印(V)
光栅化复合效果(Z)
校样颜色(C)
全屏预览(F) F9
只预览选定的对象(O)
页面排序器视图(A)
视图管理器(W) Ctrl+F2
页(C)
网格(G)
标尺(R)
辅助线(I)
对齐辅助线(A) Alt+Shift+A
动态辅助线(Y) Alt+Shift+D
贴齐(T)
插入条码(B)...
插入 QR 码
验证条形码
插入新对象(W)...
链接(K)...
符号(Y)
图框精确剪裁(W)
变换(T)
对齐和分布(A)
顺序(O)
合并(C) Ctrl+L
拆分 Ctrl+K
组合(G)
隐藏(H)
锁定(L)
造形(P)
转换为曲线(V) Ctrl+Q
将轮廓转换为对象(E) Ctrl+Shift+Q
连接曲线(J)
叠印填充(F)
叠印轮廓(O)
叠印位图(V)
对象提示(H)
对象属性(I) Alt+Enter
对象管理器(N)
到页面前面(F) Ctrl+Home
到页面背面(B) Ctrl+End
到图层前面(L) Shift+PgUp
到图层后面(A) Shift+PgDn
向前一层(O) Ctrl+PgUp
向后一层(N) Ctrl+PgDn
置于此对象前(I)...
置于此对象后(E)...
逆序(R)
贴齐(T)

图 1-31

### 3．对象的轮廓编辑

（1）对象轮廓线

图形轮廓线的颜色默认设置为黑色。在窗口右侧调色板的颜色块上右击鼠标，可设置当前轮廓线的颜色，右击调色板上的图标⊠可清除轮廓线。

图形轮廓线的编辑工具是"轮廓工具"，轮廓工具栏如图 1-32 所示。

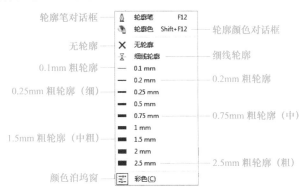

图　1-32

（2）"轮廓笔"对话框

单击"轮廓笔"或按 <F12> 键可弹出"轮廓笔"对话框，在此对话框中可以设置轮廓宽度、轮廓样式以及进行轮廓线中箭头的应用和编辑。

单击左上角"颜色"后面的下拉按钮，弹出常用颜色选择列表框，可以改变轮廓的颜色。选择列表框中的"其他"选项，可以设置其他颜色。

单击"宽度"数值后面的下拉按钮，弹出预设的宽度数值列表，也可以自主输入数值。

单击"宽度"单位后面的下拉按钮，弹出预设单位列表，如图 1-33 所示。

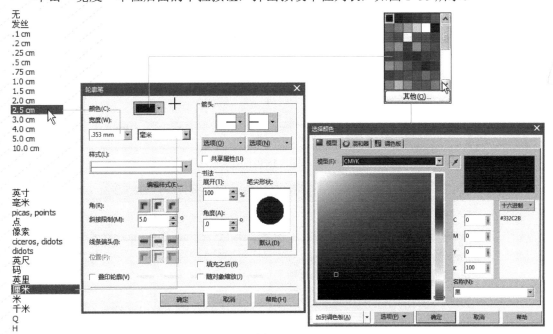

图　1-33

1）选择箭头图形：单击"箭头"下面的"起始箭头选择器"或"终止箭头选择器"下拉按钮，弹出图形框，图形相同，方向相反，单击要选择的箭头图形并单击"确定"按钮，如图 1-34 所示。

2）编辑箭头：执行"选项"→"新建"命令，弹出"箭头属性"对话框，可以编辑箭头的形状、方向、位置、大小，如图 1-35 所示。左边设置起始箭头，右边设置终止箭头。

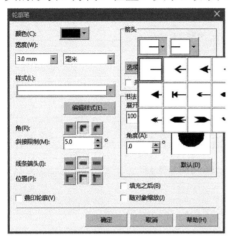

图　1-34

图　1-35

3）编辑轮廓线样式：单击"样式"下面的"编辑样式"，弹出"编辑线条样式"对话框，如图 1-36 所示，从中可以看出线条的排列方式，拖动对话框中的分割符或单击空白小格子可以调整线条样式。完成后单击"添加"按钮，将编辑后的样式添加到"轮廓笔"对话框中。如果单击"替换"按钮，则将前面所选择的样式替换为编辑后的样式，如图 1-37 所示。

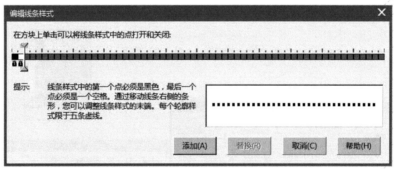

图　1-36

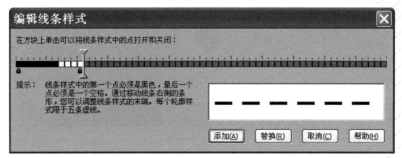

图　1-37

#### 4．路径的绘制与编辑

按住工具箱中的"手绘工具"不放，可以展开手绘、2 点线、贝塞尔、钢笔、B 样条、折线、3 点曲线、智能绘图等工具，如图 1-38 所示。

（1）"手绘工具"

利用"手绘工具"可以直接绘制直线或曲线。执行"视图"→"贴齐对象"命令，系统会自动跟踪垂直、中点、正切等参照图形的相关部位，并有相应的符号显示。绘图时要注意利用这些功能，以方便绘图，如图 1-39 所示。

1）直线。

两点确定一条直线，单击两点得到一段直线。同时按住 <Ctrl> 键可以绘制水平、垂直、45°方向等直线。

2）曲线。

①单击并按住鼠标拖动就会出现一条任意的曲线，如图 1-40 所示。

②绘制连续曲线或折线时，使终点与始点重合可绘制出一个封闭的图形，单击调色板任一颜色可得到填色效果，如图 1-41 所示。

| | | |
| --- | --- | --- |
| ↟⌁ | 手绘(F) | F5 |
| ✎ | 2 点线 | |
| ↖ | 贝塞尔(B) | |
| ✒ | 钢笔(P) | |
| ⋀⋀ | B 样条 | |
| ⌐ | 折线(P) | |
| ⬚ | 3 点曲线(3) | |
| △ | 智能绘图(S) | Shift+S |

图　1-38

图　1-39

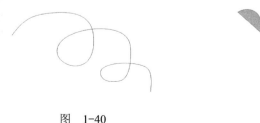

图　1-40　　　　　　　　　　图　1-41

③绘制曲线后按住鼠标不放，同时按住 <Shift> 键沿着前面的路径拖动可擦除绘制的曲线。

（2）"贝塞尔工具"

利用"贝塞尔工具"可以比较准确地绘制直线和圆滑的曲线，并通过改变节点控制点的位置来控制及调整曲线的弯曲程度。

1）直线。可以绘制一条直线或连续的折线，按 < 空格 > 键结束或重新开始，连续画折线回到起点，单击可得到封闭的多边形。

2）曲线。

①单击起始点，在第二个位置再单击并拖动鼠标，会显示一条带有两个节点和一个控制点的虚线调节杆，拖动调节弧形，如图 1-42 所示。

②单击第三点得到一条三点弧线，如图 1-43 所示。第 2 个点可作为弧线的峰点，这是准确绘制图形的一个重要技巧。除了起点和终点，其他点都可以作为峰点或谷点。

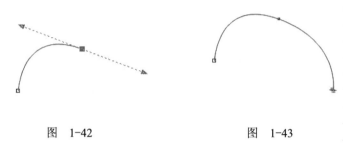

图　1-42　　　　　　　　　　　　图　1-43

③第四点回到起点单击，图形自动封闭，或在另一位置单击绘制连续的弧线，如图 1-44 所示。

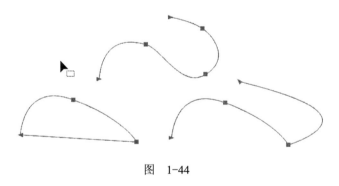

图　1-44

### 5．对象填充

对象填充是指在绘制的图形内部填充不同的颜色或图案，根据填充内容的不同将其分为 5 种类型，分别为颜色填充、渐变填充、图样填充、底纹填充和 PostScript 填充。

（1）填充实色

1）基本方法。填充实色即填充纯色，它是最基本的填充方法。首先选择图形，单击软件窗口右边的"颜色"调色板中的色块，可以填充图形内部的颜色，右击色块可以填充轮廓色。

2）双击状态栏填充图标。选择图形，双击状态栏的"填充色"图标，如图 1-45 所示，弹出"均匀填充"对话框，从中调整或选择颜色进行图形内部颜色的填充。双击状态栏的"轮廓色"图标，可进行轮廓色的填充。

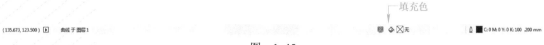

填充色

(135.673, 123.500 ▶)  曲线于图层1                                          ▣ ◈ ⊠无        ♨ ■ C: 0 M: 0 Y: 0 K: 100  .200 mm

图  1-45

3）均匀填充对话框。选中填充对象，单击工具箱中的"编辑填充工具"图标 ◈，弹出"编辑填充"对话框，在对话框中选择要填充的纯色色块。色块颜色的编辑方式主要有 3 种，可以根据填充图形的样式选择最合适的设置方法。其中，"应用模型设置颜色" ■ 如图 1-46 所示，"应用混合器设置颜色" ◉ 如图 1-47 所示，"应用调色板设置颜色" ▦ 如图 1-48 所示。

（2）PostScript 填充

PostScript 填充是将各种线条按照一定的顺序排列，进而形成各种样式的图案。该底纹图形中有彩色也有黑白，可以更改诸如大小、线宽、底纹前景和背景中出现的灰色量等参数。在"编辑填充工具"中单击"PostScript 填充" ▩，打开"编辑填充"对话框，选择其中一种图案，勾选对话框中的"缠绕填充"复选框，可以看到其预览效果，如图 1-49 ～图 1-51 所示。

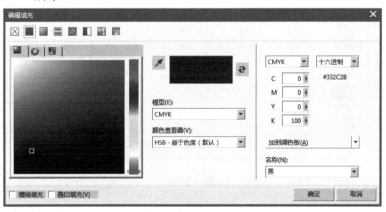

图  1-46

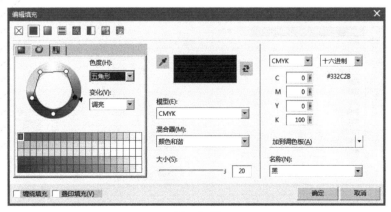

图  1-47

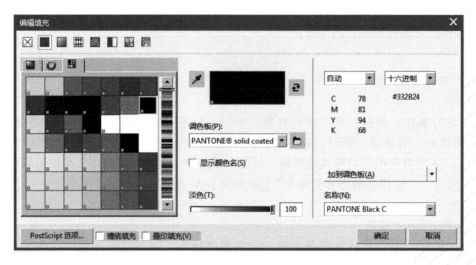

图　1-48

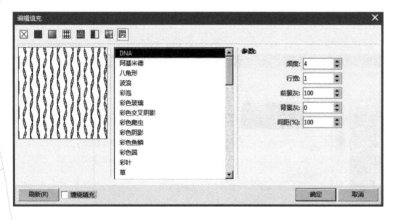

图　1-49

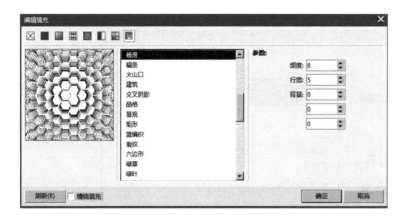

图　1-50

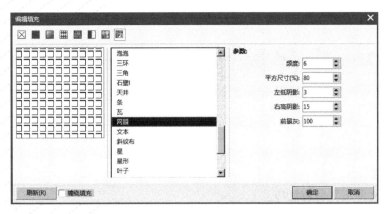

图 1-51

## 实战强化

1）熟悉 CorelDRAW X7 直裙款式设计的绘图环境与一般步骤。

2）绘制直裙款式设计并进行设计变化。

3）绘制其他半截裙款式图例。

4）了解知识拓展内容。

# 项目 2  牛仔裤款式设计

1）灵活掌握辅助线的设置。

2）掌握"挑选工具"的使用及复制的技巧。

3）掌握轮廓笔的设置。

4）掌握下拉菜单中视图、对齐辅助线功能的使用。

## 项目情境

牛仔裤源自美国西部牛仔们穿用的服装，其风格朴实粗犷，功能方便实用，因而受到许多人的喜爱，是目前流行于世界各地的一种经典服装。铆钉和缉明线是牛仔裤传统的装饰手法，随着时代的变迁，牛仔裤的装饰手法也变得丰富起来。除了质朴的水洗和破损等手法，刺绣、镶钻等精致风格的手法也应用于牛仔裤当中。

## 项目分析

在第一次运用"贝塞尔工具"绘制服装外形轮廓时，能否正确填充颜色是检验成功与否的准则。培养良好的绘图习惯，尽量减少错误的发生，提高绘图的质量与效率，是学好的关键之一。

## 项目实施

### 1．牛仔裤款式设计的绘图环境

牛仔裤款式设计的绘图环境详见项目 1 中直裙款式设计的绘图环境。

### 2．牛仔裤款式设计的一般步骤

（1）绘制牛仔裤轮廓

双击水平标尺，打开"选项"→"辅助线"→"水平"，将其设置为 4、0、−26、−60、−100，"垂直"设置为 −18、−13、0、13、18，如图 2-1 所示，执行菜单"视图"→"对齐辅助线"命令。单击"轮廓笔工具"，设置"轮廓宽度" 3.0 mm 为"3.0mm"。利用"矩形工具" 绘制裤腰矩形，利用"贝塞尔工具"绘制裤子外轮廓，如图 2-2 所示。

（2）修改曲线、绘制后袋

利用"挑选工具"选中裤腰矩形，单击属性栏中的"转换为曲线工具" ，利用"形状工具" 在需要变化为曲线的部位单击，利用属性栏中的"转换直线为曲线工具" 进行调整，如图 2-3 所示。利用"矩形工具" 绘制牛仔裤后袋矩形，其宽度约为 9cm、高度约为 10cm，利用"形状工具" 选中后袋矩形，单击属性栏中的"转换为曲线工具" 进行调整，结果如图 2-4 所示。

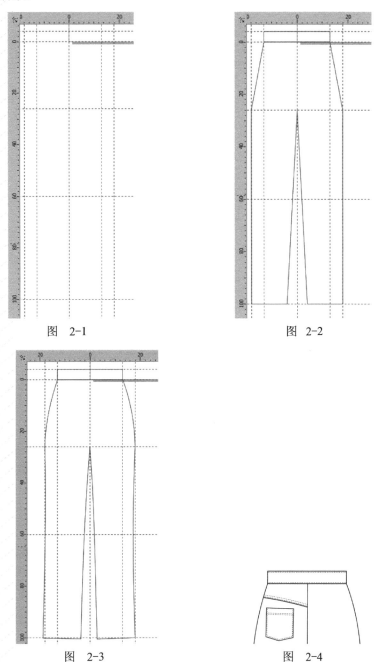

图　2-1

图　2-2

图　2-3

图　2-4

（3）绘制分割线及缉明线

选中后袋进行旋转，选中"贝塞尔工具" <img>绘制臀部飞机头形状的分割线。单击"轮廓笔工具" <img>，按住鼠标不松手选择轮廓笔，如图 2-5 所示，弹出"轮廓笔参数设置对话框"，如图 2-6 所示。在腰头、飞机头、后袋等相关部位用虚线绘制牛仔裤的缉明线工艺，如图 2-7 所示。利用"挑选工具"选中后袋及分割线，按住 <Ctrl> 键将鼠标指针放在左中编辑节点上，如图 2-8 所示。

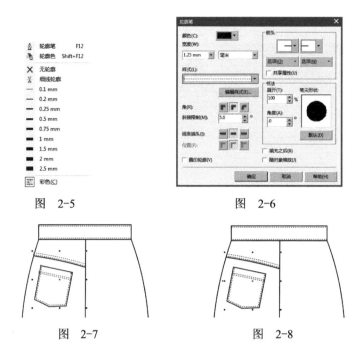

图 2-5 图 2-6

图 2-7 图 2-8

（4）复制后袋及分割线

按住 <Ctrl> 键拖动鼠标保持水平方向至合适的位置，如图 2-9 所示。对称复制出右侧后袋及分割线，如图 2-10 所示。

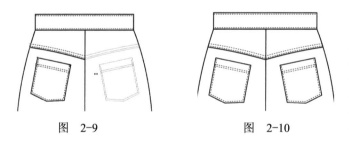

图 2-9 图 2-10

（5）绘制裤袢

利用"矩形工具" ▢绘制牛仔裤裤袢，利用"贝塞尔工具" ▨绘制缉明线，如图 2-11 所示。

（6）绘制侧缝及脚口缉明线

利用"贝塞尔工具" ▨绘制牛仔裤侧缝及脚口缉明线，完成牛仔裤后片款式图，如图 2-12 所示。

（7）绘制牛仔裤前片款式图

用同样的方法绘制牛仔裤前片款式图，如图 2-13 所示。

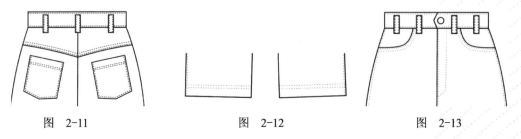

图 2-11 图 2-12 图 2-13

**3. 完成牛仔裤款式设计，保存文件**

完成牛仔裤前后款式设计，保存文件，如图 2-14 所示。

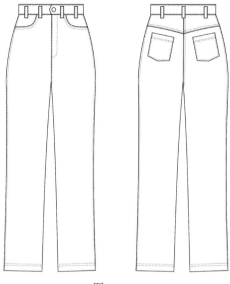

图　2-14

■触类旁通

　　其他裤子款式如西裤、松紧头裤、休闲裤、运动裤等的设计文件如图2-15～图2-18所示，可以按这些裤子的款式图样进行设计变化。

✂提示　　休闲裤和运动裤为中低腰款，因此直裆的距离要短。将"辅助线"→"水平"设置为（4、0、−10、−20、−60、−100）比较合适。

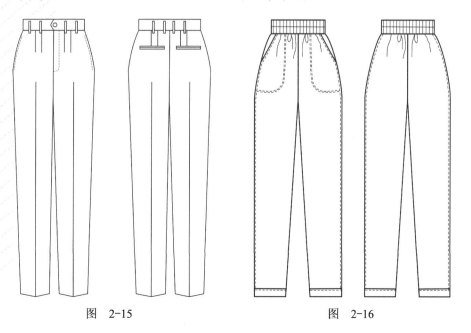

图　2-15　　　　　　　　　　　　　图　2-16

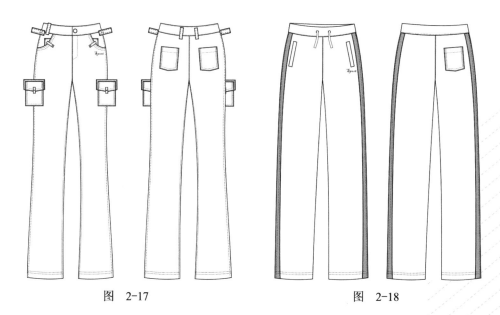

图 2-17　　　　　　　　　　　　　　图 2-18

## 知识拓展

### 1. "挑选工具"

工具箱中的"挑选工具" ![icon] 主要是用来选择对象的。

1）选择单个对象：单击可选中单个对象，所选对象可以是单个图形，如图 2-19 所示。也可以将群组后的图形作为一个单个对象，来加以选择，如图 2-20 所示。

2）选择全部对象：选取当前图形窗口中的所有图形。双击工具箱中的"挑选工具"或用鼠标框住所有图形可以将图像窗口中的所有图形都选取，如图 2-21 所示。

3）选择群组中的单个对象：按住 <Ctrl> 键然后单击要选择的对象可选择群组中的单个对象。选中对象后周围控制手柄变为圆点，如图 2-22 所示。

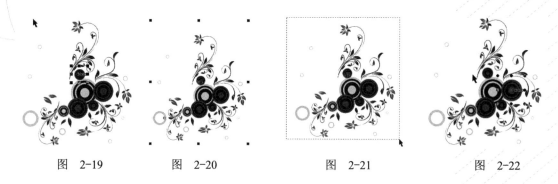

图 2-19　　　　　　图 2-20　　　　　　图 2-21　　　　　　图 2-22

### 2. "形状工具"

"形状工具"是 CorelDRAW X7 中功能最强大的编辑对象工具，它通过编辑节点可以方便地改变曲线的外观形状。

（1）选取节点

在修改图形对象的路径之前必须选中要操作的节点，具体方法如下。

1）在工具箱中选取"形状工具"，单击曲线对象，曲线对象上的所有节点将以空心方块的形式显示出来，如图 2-23 所示。

2）将鼠标指针移至某个节点上并单击即可选中该节点。如果选中曲线节点，则节点会呈蓝色实心方块状并显示节点控制柄，其相邻节点也会显示出靠近节点的那个控制柄，如图 2-24 所示。

3）如果要选择多个节点，则可按住 <Shift> 键并逐个单击要选择的节点，如图 2-25 所示。

4）选中对象后，执行"编辑"→"全选"→"节点"命令或单击框住所有节点，即可选中对象上所有的节点，如图 2-26 所示。

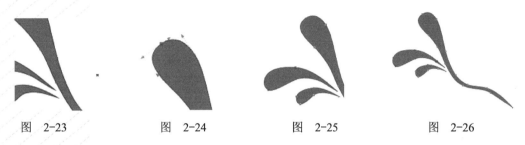

图　2-23　　　　　图　2-24　　　　　图　2-25　　　　　图　2-26

✖提示　只需在对象外单击就可取消节点的选择，如果仅取消多个选定节点中的某个节点，则按住 <Shift> 键并选择"形状工具"，单击要取消选择的节点即可。

（2）修改曲线

使用"形状工具"单击要编辑的对象，显示对象上的所有节点。选中要编辑的节点并进行拖动即可改变图形形状。

1）拖动曲线对象上的节点可调整曲线形态，如图 2-27 所示。

2）拖动矩形四周的节点可改变矩形 4 个角的圆角弧度，如图 2-28 所示。

3）选中圆形时将显示出一个节点，通过向圆形外部或内部移动该节点可将圆形转变为一个弧形或封闭的扇形，如图 2-29 所示。

4）如果选取位图图像，则可通过移动其四周节点的位置将不要的图像部分切除，如图 2-30 所示。

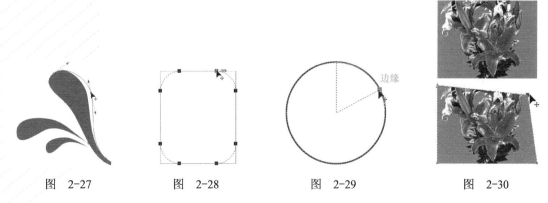

图　2-27　　　　　图　2-28　　　　　图　2-29　　　　　图　2-30

✖提示　如果选择了多个节点，则只要在任何一个节点上按住鼠标并拖动，其他几个被选节点将同时移动相同的位移。

（3）拖动控制柄

使用"形状工具" 选中节点后节点将显示控制柄。通过拖动控制柄两端的控制点也可以改变曲线的弯曲度及曲线段形状。不同类型的曲线节点在拖动控制点时会产生不同的曲线变形效果。

1）尖突节点：控制点是独立的，当移动其中一个控制点时另一个控制点并不移动，从而使尖突节点的曲线能够弯曲，如图 2-31 所示。

2）平滑节点：控制柄在一条直线上，当移动其中一个控制点时，另一个控制点也随之变化，但控制线之间的长度可以不等，如图 2-32 所示。

3）对称节点：无论怎样拖动控制点，控制点和控制线之间的长度始终相等，从而使对称节点两边曲线的弯曲度也相等，如图 2-33 所示。

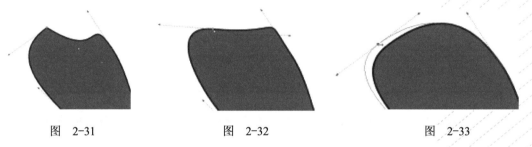

图 2-31          图 2-32          图 2-33

（4）拖动线条

拖动节点之间的线条还可以大幅度地改变曲线形状。

1）选择"形状工具"，选中要调整的曲线，将鼠标指针移至需要调节的线段上，此时鼠标指针变为 状，如图 2-34 所示。

2）按下并拖动鼠标，曲线即随着鼠标指针移动的方向而改变形状，如图 2-35 所示。

（5）添加和删除节点

通过在路径上增加或删除节点来改变曲线形状。

1）添加节点：选择"形状工具"，在要添加节点处双击即可添加一个节点，如图 2-36 所示。

2）删除节点：选择"形状工具"，双击节点或选择节点后按 <Delete> 键。

图 2-34          图 2-35          图 2-36

（6）编辑曲线

使用"形状工具"，通过属性栏可对路径和节点进行全面编辑，如图 2-37 所示。

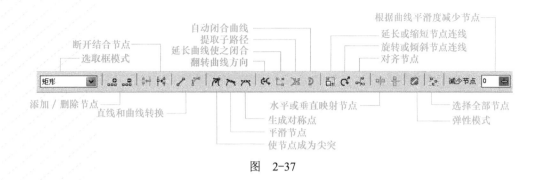

图 2-37

## 实战强化

1）熟悉 CorelDRAW X7 牛仔裤款式设计的绘图环境与一般步骤。

2）绘制牛仔裤款式并进行设计变化。

3）绘制运动裤和休闲裤等其他裤子款式图例。

4）了解知识拓展内容。

# 项目 3　针织衫款式设计

学习目标

1）熟练掌握图片的导入方法。
2）熟练掌握"贝塞尔工具"及"形状工具"的使用方法。
3）熟练掌握设置辅助线的方法。
4）掌握图形修剪的方法。

## 任务 1　女圆领针织衫款式设计

### ■任务情境

针织衫是用针织面料制作的上衣，如针织背心、T 恤、羊毛衫等，质地柔软、弹性大。传统的针织衫主要品种为内衣，现在已经扩大到时装领域。根据织机针数和结构的不同，可以设计出色调和谐、风格独特且变化丰富的款式。前胸部位设置图案是针织衫款式设计常用的手法。针织面料的边沿容易发生包卷，常常会影响裁剪和缝制，利用好了也能产生特殊的效果，多采用拷边、花边和绲边等手法。

### ■任务分析

女圆领针织衫款式设计与前面所介绍的方法不同的是：主要运用导入图片的方式进行设计绘制，这一方法对于设计师的美术功底要求略低，结合数字照相机和扫描仪就能达到方便快捷设计绘图的目的。

### ■任务实施

#### 1. 针织衫款式设计的绘图环境

针织衫款式设计的绘图环境详见项目 1 中直裙款式设计的绘图环境。

#### 2. 针织衫款式设计的一般步骤

（1）设置辅助线

导入女圆领针织衫图片。单击标准工具栏"导入"按钮 ⬚ 导入女圆领针织衫图片，放在页面中，缩放到合适的大小，如图 3-1 所示。以针织衫的各个部位为基准，分别单击并拖动窗口界面中的水平标尺和垂直标尺，拖动辅助线至合适的位置，如图 3-2 所示。

✂ 提示　女圆领针织衫的图片左右不对称，选择一边为基准，尽量保持垂直辅助线左右对称。

图  3-1                     图  3-2

（2）绘制针织衫轮廓

1）单击"轮廓笔" 按住不松手，选择轮廓笔，如图3-3所示。在"轮廓笔"对话框中设置轮廓笔"宽度"为"3.0mm"，其他选项设置如图3-4所示，单击"确定"按钮。

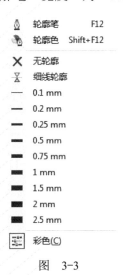
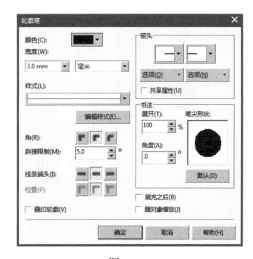

图  3-3                                           图  3-4

2）利用"贝塞尔工具" 绘制针织衫的外轮廓线，如图3-5所示。利用"形状工具" 对轮廓线进行调整，如图3-6所示。

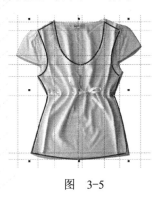

图  3-5                     图  3-6

✂ 提示    执行"视图"→"对齐辅助线"命令可提高作图的精确度。

（3）绘制后片

1）利用"贝塞尔工具" ，根据后领口形状绘制图形，在后领口部位随意绘制，原则是大过前领口。利用"形状工具" 对曲线进行调整，如图 3-7 所示。

图 3-7

2）选择衣片，如图 3-8 所示，执行"对象"→"造形"→"造型"命令，打开"造型泊坞窗"，勾选"保留原始源对象"复选框，单击"修剪"按钮，如图 3-9 所示。

图 3-8

图 3-9

3）在后领口部位任意处单击，如图 3-10 所示，得到针织衫后片，如图 3-11 所示。

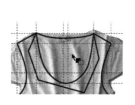

图 3-10

图 3-11

（4）绘制袖子

1）同样，用"贝塞尔工具"绘制左袖并镜像复制一个为右袖，如图 3-12 所示。

2）选择衣片，打开"造型泊坞窗"，勾选"保留原始源对象"复选框，单击"修剪"按钮，在左袖上单击修剪左袖。选择衣片，单击"修剪"按钮，在右袖上单击修剪右袖，得到两个袖子，如图 3-13 所示。

图 3-12

图 3-13

3）运用同样的方法绘制袖底绲边，如图 3-14 所示。

※ 提示 袖底绲边处在袖子与衣片夹角位置，用"贝塞尔工具"绘制时图形可穿过衣片和袖子，如图 3-15 所示。修剪时先选择衣片再选择袖子，对其进行二次修剪。

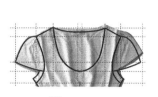 

图 3-14            图 3-15

（5）绘制针织衫内部结构线和衣纹

1）单击"轮廓笔" 🖊️ 按住不放手，选择轮廓笔，如图 3-16 所示，在"轮廓笔"对话框中设置轮廓笔"宽度"为"1.25mm"，其他选项设置如图 3-17 所示，单击"确定"按钮。

2）选择"贝塞尔工具" 🖊️，绘制领口、袖口及下摆绲明线。利用"形状工具" 🖊️ 进行曲线调整。门襟处用折线表示半开襟，粗细同外轮廓，利用"椭圆形工具"绘制 3 粒纽扣。

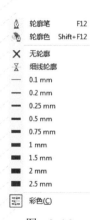 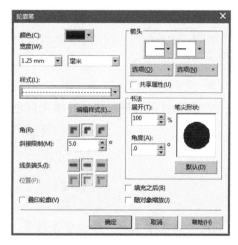

图 3-16            图 3-17

3）利用"轮廓笔工具"，设置轮廓笔"宽度"为"1.25mm"，样式为实线。选择"贝塞尔工具"🖊️绘制袖山的衣纹，灯笼袖的绘制完成后如图 3-18 所示。绘制腰部衣纹，如图 3-19 所示。

图 3-18            图 3-19

（6）绘制针织衫腰带

1）利用"贝塞尔工具"🖊️，根据图片绘制在衣纹中穿过的细腰带，一节一节地单独绘制，如图 3-20 所示。

2）利用"挑选工具"结合 <Shift> 键，选择腰带两边的衣纹，如图 3-21 所示。执行"对象"→"造形"→"造型"命令，打开"造型泊坞窗"，勾选"保留原始源对象"，单击"修剪"按钮完成设置，如图 3-22 所示。

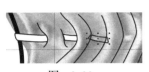

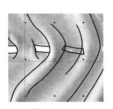

图　3-20　　　　　　　图　3-21　　　　　　　图　3-22

3）在腰带任意处单击完成修剪，如图 3-23 所示。用"挑选工具"选中腰带，执行"对象"→"打散曲线"命令，如图 3-24 所示。用"挑选工具"分别选中不要的部分，按 <Delete> 键删除，如图 3-25 所示。

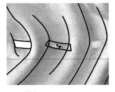

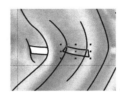

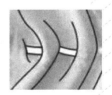

图　3-23　　　　　　　图　3-24　　　　　　　图　3-25

4）使用以上方法绘制完成整条腰带并填充白色，如图 3-26 所示。

图　3-26

✄ 提示　可以利用"贝塞尔工具"绘制整条腰带，再选择腰部衣纹线进行修剪，并删除需要隐藏的部分。

（7）针织衫填充颜色

选择工具箱中的"滴管工具"，在针织衫的图片中找到所需颜色后单击，如图 3-27 所示。按住 <Shift> 键在针织衫款式图中的袖子、袖底、前片、后片等处单击填充颜色，如图 3-28 所示。

（8）完成针织衫款式设计针织衫的款式设计完成图如图 3-29 所示，保存文件。

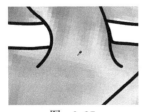

图　3-27　　　　　　　图　3-28　　　　　　　图　3-29

# 任务 2　男扁机领 T 恤款式设计

## ■任务情境

扁机一般较圆筒机粗，多用于毛衫织片上，是罗纹组织。扁机是以 1in 内有几只针来表示机型的，比如常见的 3 针扁机，1in 内只有 3 支针，还有 5 针机、7 针机、12 针机、14 针机，数越大织出来就越细，数越小织出来就越粗。扁机领是针织罗纹组织，针织领及袖也常常使用扁机，因为它可以织出所需的尺码，无须裁剪。扁机在男装 T 恤中应用广泛。

## ■任务分析

男扁机领 T 恤的设计要点首先应明确是哪一类男扁机领 T 恤，明确衣着的对象和使用的场合，如商务正装还是休闲装。一般来说传统男扁机领 T 恤的领、袖、衣长等基本设计是固定的，没有太大的变化，只是在门襟、驳领等方面做一些改变。面料一般采用平纹或者珠地，在设计时还须分析流行趋势，特别是在印花设计时，使设计出的男扁机领 T 恤既符合一定的穿着用途，又能体现时尚的风貌。

## ■任务实施

### 1. 男扁机领 T 恤款式设计的绘图环境

男扁机领 T 恤款式设计的绘图环境详见项目 1 中直裙款式设计的绘图环境。

### 2. 男扁机领 T 恤款式设计的一般步骤

（1）绘制男扁机领 T 恤基本轮廓

单击"轮廓笔工具"，设置轮廓宽度 ▭ 3.0 mm ▾ 为"3.0mm"。利用"矩形工具" ▢ 绘制一个宽度约为 16cm、高度约为 60cm 的矩形，如图 3-30 所示。利用"形状工具" ◣ 选中矩形，单击"属性栏"中的"转换为曲线"按钮 ◎，添加肩颈点和腋窝点，如图 3-31 所示。依次添加肩端点、袖长点等并进行调整，得到男扁机领 T 恤基本轮廓图形，如图 3-32 所示。

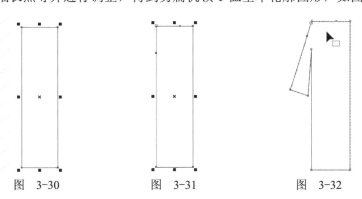

图　3-30　　　　　图　3-31　　　　　图　3-32

（2）绘制男扁机领 T 恤轮廓

利用"形状工具" ◣ 调低肩端点，调整领窝弧线，调整男扁机领 T 恤基本轮廓图形，如图 3-33 和图 3-34 所示。利用"贝塞尔工具"绘制肩端轮廓线及袖口缉明线，设置虚线宽度为"1.5mm"，如图 3-35 所示。

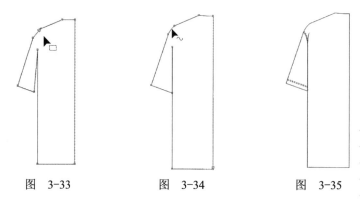

图　3-33　　　　　　图　3-34　　　　　　图　3-35

（3）完成男扁机领 T 恤轮廓

选中男扁机领 T 恤轮廓图形，执行"对象"→"变换"→"比例"命令。在"变换泊坞窗"中依次进行以下设置：选中"水平镜像"，勾选"按比例"单选框，将"副本"数量设为"1"，单击"应用"按钮，完成设置，如图 3-36 所示。镜像复制男扁机领 T 恤轮廓，按 < ← > 键两次，将复制的图形向左移动一点，如图 3-37 所示。执行"对象"→"造形"→"造型"→"焊接"命令，单击左侧图形得到男扁机领 T 恤轮廓图形，如图 3-38 所示。

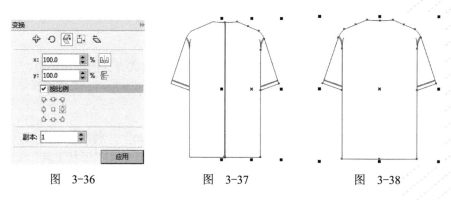

图　3-36　　　　　　图　3-37　　　　　　图　3-38

（4）绘制男扁机领 T 恤后领

选择"贝塞尔工具" ，在领口部位绘制男扁机领 T 恤领子轮廓，如图 3-39 所示。选中男扁机领 T 恤轮廓图形，执行"对象"→"造形"→"造型"命令，在弹出的对话框中单击"修剪"按钮，然后将鼠标指针放在男扁机领 T 恤领空白处单击，得到完整的后领图形，如图 3-40 所示。

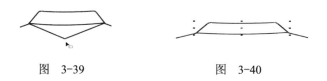

图　3-39　　　　　　图　3-40

（5）绘制男扁机领 T 恤前领与过肩

利用"挑选工具"，按住"纵向标尺"，在中心位置拖出一条垂直辅助线。利用"贝塞尔工具" 分别绘制男扁机领 T 恤左右前领。利用"形状工具" 调整男扁机领 T 恤前领轮廓图形，并填充白色，如图 3-41 所示。利用"贝塞尔工具"绘制男扁机领 T 恤过肩及过肩缉明线，如图 3-42 所示。

图　3-41　　　　　　　　　　　　　图　3-42

（6）绘制左侧底领与开胸（半开襟）

利用"矩形工具"　绘制一个宽度约为 4cm、高度约为 28cm 的矩形，选择"转换为曲线工具"，如图 3-43 所示。利用"形状工具"　进行调整，如图 3-44 所示。利用"贝塞尔工具"绘制一条弧线，完成男扁机领 T 恤底领，如图 3-45 所示。在后领领脚处绘制捆边线，如果是撞色（不同颜色）则要绘制封闭的图形。

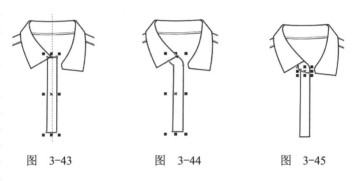

图　3-43　　　　　　图　3-44　　　　　　图　3-45

（7）绘制右侧底领、开胸及纽扣

利用"贝塞尔工具"　从半开胸位置至右领处绘制三角形，利用"形状工具"进行调整，如图 3-46 所示。利用"贝塞尔工具"绘制一条弧线，分开右底领与开胸，绘制缉明线，完成男扁机领 T 恤底领与开胸。绘制一个小矩形，利用"形状工具"修成圆角，复制一个同心圆角矩形并与四个小圆形组合成纽扣，用同样的方法绘制纽眼，如图 3-47 所示。

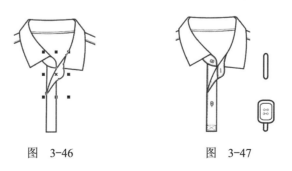

图　3-46　　　　　　　　　　图　3-47

（8）绘制男扁机领 T 恤胸袋

利用"矩形工具"　绘制一个宽度约为 8cm、高度约为 9cm 的矩形，转换为曲线，如图 3-48 所示。利用"形状工具"　进行调整，如图 3-49 所示。利用"贝塞尔工具"绘制胸袋缉明线，如图 3-50 所示。

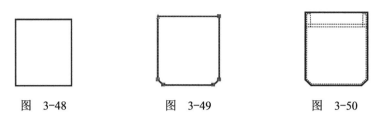

图 3-48          图 3-49          图 3-50

（9）完成男扁机领 T 恤

将胸袋群组后放在合适的位置，填充协调的颜色，完成男扁机领 T 恤款式设计，如图 3-51 所示。

图 3-51

## 触类旁通

其他针织衫款式设计图如图 3-52 ~ 图 3-64 所示，可以按这些针织衫的款式图进行设计变化。

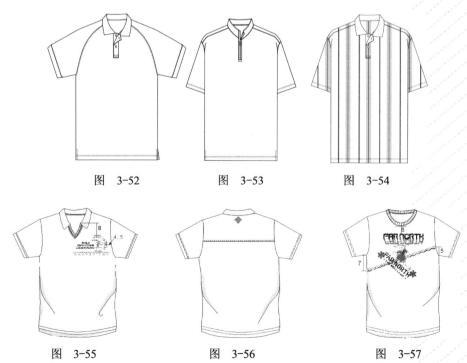

图 3-52          图 3-53          图 3-54

图 3-55          图 3-56          图 3-57

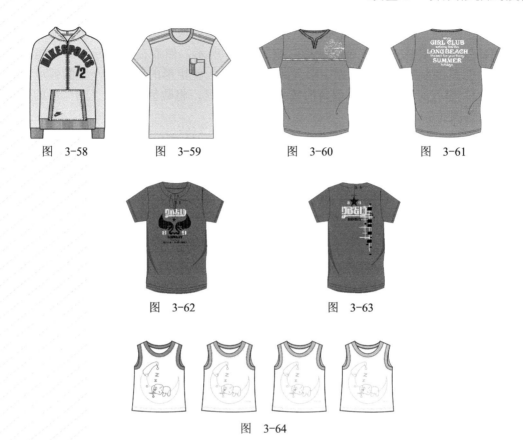

图　3-58　　　　　图　3-59　　　　　图　3-60　　　　　图　3-61

图　3-62　　　　　　　图　3-63

图　3-64

## 知识拓展

基本几何图形的绘制

这里的基本几何图形主要是指使用 CorelDRAW X7 提供的相关工具绘制出的矩形、椭圆等多边形图形。选择的工具不同，其绘制图形的方法也不同。在绘制的同时借助其他按键可以形成正圆形或者正方形等特殊效果。

矩形和椭圆形的绘制：使用"矩形工具"和"椭圆形工具"绘制的都是规则的几何图形，在相应的属性栏中可以设置所绘图形的边框及圆角等参数。

※ 提示　使用"矩形工具"或"椭圆形工具"结合 <Ctrl> 键可以绘制正方形或正圆形。

（1）"矩形工具"

"矩形工具"的主要作用就是绘制矩形图形。选择工具箱中的"矩形工具" ，属性栏显示出与矩形相关的设置和操作，主要包括圆角设置、边框设置和转换为曲线操作等，如图 3-65 所示。

图　3-65

※ 提示　双击工具箱中的"矩形工具"，可以创建一个和页面相同大小的矩形，而且位于页面的中心位置上。

利用"矩形工具"还可以绘制圆角矩形，并且可以应用调色板填充上合适的颜色、设置边框效果。绘制一个普通的矩形，如图 3-66 所示，然后在"矩形工具"属性栏中设置圆角的弧度参数，在数值框中输入数值"20"，使矩形的四角呈一定的弧度，如图 3-67 所示。输入的数值越大，圆角的效果也就越明显，将数值设置为"50"后的矩形的圆角效果如图 3-68 所示。

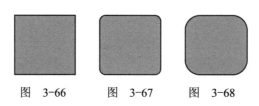

图  3-66      图  3-67      图  3-68

在"矩形工具"中选择"3 点矩形工具"，可以绘制倾斜的矩形和正常的矩形。其使用方法和"矩形工具"有少许差异，单击"3 点矩形工具" ，然后在页面中单击并拖动鼠标，如图 3-69 所示。释放鼠标再拖动图形，到适当的位置单击，重复 3 次即完成矩形绘制，如图 3-70 所示。此时如果按住 <Ctrl> 键，释放鼠标并单击，绘制出的正方形，如图 3-71 所示。

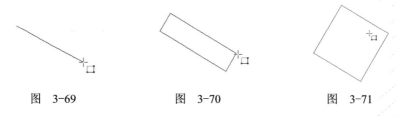

图  3-69              图  3-70              图  3-71

（2）"椭圆形工具"

利用"椭圆形工具"可以绘制 3 种类型的图形，可以在属性栏中对绘制完成的椭圆形进行设置，实现这 3 类图形之间的切换。使用"椭圆形工具"绘制的默认图形为椭圆，如图 3-72 所示。单击该工具属性栏中的"饼图"按钮，椭圆形变为饼形，如图 3-73 所示。单击属性栏中的"弧形"按钮，饼形转换为圆弧形，如图 3-74 所示。修改属性栏中的起始角度和结束角度的数值参数，还可以改变饼形和圆弧的开口大小。

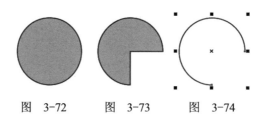

图  3-72      图  3-73      图  3-74

按住"椭圆形工具"按钮，选择"3 点椭圆形工具"，可以绘制倾斜的椭圆形和正圆形。其使用方法和"椭圆形工具"有少许差异，单击"3 点椭圆形工具" ，然后在页面中单击并拖动鼠标，如图 3-75 所示。释放鼠标再拖动图形，到适当的位置单击即完成椭圆形绘制，如图 3-76 所示。此时如果按住 <Ctrl> 键，释放鼠标并单击可绘制出正圆形，如图 3-77 所示。

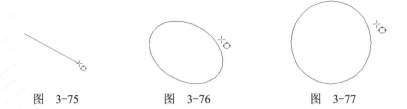

图　3-75　　　　　　　图　3-76　　　　　　　图　3-77

## ■实战强化

1）熟悉 CorelDRAW X7 中针织衫款式设计的绘图环境与一般步骤。

2）绘制女圆领针织衫款式设计图并进行设计变化。

3）绘制男扁机领 T 恤款式设计图并进行设计变化。

4）绘制其他针织衫款式图例。

5）了解知识拓展内容。

# 项目 4　女圆角单粒扣西服款式设计

**职业能力目标**

1）能熟练使用"对象"→"变换"→"缩放和镜像"命令，对图形进行镜像。
2）能熟练使用下拉菜单"视图"→"贴齐"→"对齐对象"。
3）掌握下拉菜单"对象"→"造形"→"造型"→"相交"。

## 项目情境

西服源于欧洲，是正式社交场所中男士们穿着的服装。根据款式特点和用途的不同，西服可分为日常西服（包括西服背心、西服和西裤三个部分）、礼服西服（夜晚穿着的晚礼服、白天穿着的晨礼服、夜晚准礼服）和西便装（新潮西便装）三类。女圆角单粒扣西服是根据西服变化而来的，集时尚、休闲、端庄、大方于一体，深受广大女性喜爱。近几年，相关职业技能大赛常以女时尚休闲上衣（即变化的女小西服）为考题，进行计算机款式图设计、出样、放码、排版等相关竞赛。

## 项目分析

以矩形为基本形绘制女圆角单粒扣西服。相较于传统西服在领、袖、衣长等基本比例上稍做变化，衣长较短，门襟、驳领等方面也做了一些改变。衣片口袋位置进行了直线分割，面料、色彩则按照各人的喜爱自由选择。在设计时还须分析流行趋势，使设计出的西服既符合一定的穿着用途，又能体现时尚的风貌。

## 项目实施

### 1. 女圆角单粒扣西服款式设计的绘图环境

女圆角单粒扣西服款式设计的绘图环境详见项目 1 中的直裙款式设计的绘图环境。

### 2. 女圆角单粒扣西服款式设计的一般步骤

（1）绘制西服后片轮廓

单击"轮廓笔工具"，设置轮廓宽度为"3.0mm" ⬚ 3.0 mm ▾ 。利用"矩形工具" ▢ ，绘制一个宽度约为 20cm、高度约为 50cm 的矩形。利用"形状工具" ▨ 选中矩形，利用"转换为曲线工具" ◌ ，进行调整得到西服基本轮廓图形，如图 4-1 所示。选中图形，执行"对象"→"变换"→"比例"命令，在弹出的对话框中设置各项参数，如图 4-2 所示，单击"应用"按钮，所得图形如图 4-3 所示，将两个图形焊接得到西服后片外轮廓，勾选保留目标对象，如图 4-4 所示。

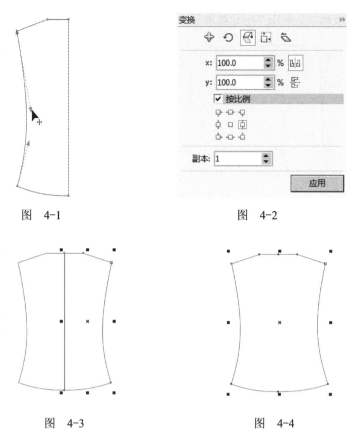

图　4-1　　　　　　　　　　　　　图　4-2

图　4-3　　　　　　　　　　　　　图　4-4

（2）绘制西服前片轮廓

利用"形状工具" 进行调整，所保留的西服前片轮廓图形如图 4-5 所示。将前片轮廓图形填充为白色，如图 4-6 所示。

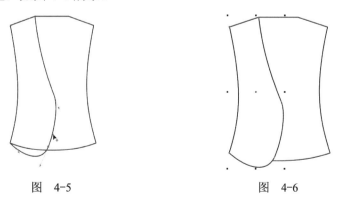

图　4-5　　　　　　　　　　　　　图　4-6

（3）绘制西服袖子与分割线

执行"视图"→"对齐对象"命令，选中"贝塞尔工具" 绘制西服袖子，如图 4-7 所示，选中前片对袖子进行修剪，并利用"贝塞尔工具"添加前片分割线，如图 4-8 所示。

（4）绘制西服领子

选中"贝塞尔工具" 在领口部位绘制西服领子轮廓，如图 4-9 所示。选中西服领子轮廓图形，执行"对象"→"造形"→"造型"命令，在弹出的对话框上方的下拉列表框中选择

"相交"，如图 4-10 所示。单击"相交对象"按钮后在西服前片空白处再单击，如图 4-11 所示。

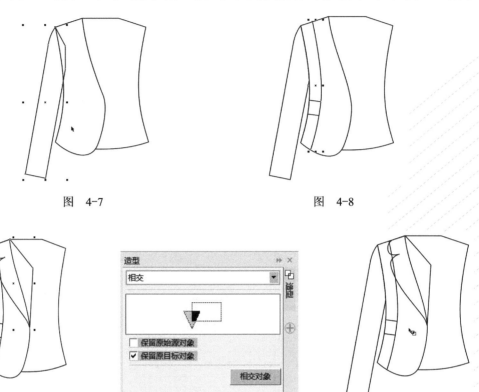

图　4-7　　　　　　　　　　　　图　4-8

图　4-9　　　　　　图　4-10　　　　　　图　4-11

利用"形状工具" 进行西服领子轮廓图形的调整，并将其填充为白色，如图 4-12 所示。这样就完成了西服领子款式图形，成品效果如图 4-13 所示。

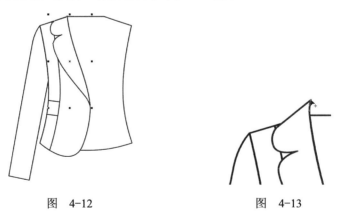

图　4-12　　　　　　　　图　4-13

（5）绘制纽扣、缉明线、衣纹并镜像复制

利用"贝塞尔工具" 在领子、门襟及公主线等部位绘制缉明线，如图 4-14 所示。利用"挑选工具"选中左侧所有图形复制并镜像，利用"椭圆形工具"绘制西服纽扣，并利用"贝塞尔工具"绘制底边贴边，如图 4-15 所示。

52

图　4-14　　　　　　　　　　　　图　4-15

（6）绘制西服后领

利用"贝塞尔工具"绘制西服后领轮廓，填充色为白色，如图 4-16 所示。利用"挑选工具"结合 <Shift> 键选中左右两片前领，执行"对象"→"造形"→"造型"命令，在弹出的对话框中选择"修剪"，单击"修剪"后在西服后领空白处单击，如图 4-17 所示，完成西服后领的绘制。

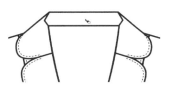

图　4-16　　　　　　　　　　　　图　4-17

（7）完成女圆角单粒扣西服款式设计，保存文件

完成女圆角单粒扣西服，填充适当的颜色并保存文件，如图 4-18 所示。

图　4-18

## 触类旁通

其他西服款式图如图 4-19 ～图 4-21 所示，其中，枪驳头两粒扣圆下摆女西服如图 4-19 所示，枪驳头双排扣男西服、平驳头两粒扣男西服如图 4-20 所示，平驳头三粒扣圆下摆男西服及背面款式图如图 4-21 所示。有兴趣的读者可以按这些西服的样式进行设计变化。

图 4-19              图 4-20

图 4-21

## 知识拓展

对象的基本变换

对象的基本变换包括位置变换、旋转变换、缩放、大小变换及倾斜等，可以将原图形通过基本变换设置放置到不同的位置或角度上，也可以设置图形的大小等。在 CorelDRAW X7 中通过"变换"泊坞窗来设置这些参数，如图 4-22 所示。也可以执行"对象"→"变换"命令来选择相应的操作。

在"变换"泊坞窗中有 5 种变换类型可供选择。执行"窗口"→"泊坞窗"→"变换"命令，再选择变换类型，即可打开相应的"变换"泊坞窗。在打开的泊坞窗中，也可以通过单击变换类型的按钮切换至相应类型的"变换"泊坞窗。其中，单击"设置"按钮可以变换图形的位置；单击"旋转"按钮可以设置所选择图形的角度；单击"缩放和镜像"按钮可将选择的图形水平或垂直翻转；单击"大小"按钮可设置所选图形的缩放比例；单击"倾斜"按钮可设置所选图形在水平或垂直方向倾斜的角度。

在"变换"泊坞窗中，位置选项区用于设置图形的水平位置或垂直位置，变换类型不同，此处的选项也不相同，如变换类型为旋转变换，则此处的选项用于设置旋转的角度。

"相对位置"用于设置变换后的图形与原图形之间的距离。

"应用"有两种选项：设置"副本"数量为"1"时，单击"应用"按钮在设置的位置或角度处出现一个新图形；设置"副本"数量为 0 时，单击"应用"按钮直接将所选图形按照设置的角度或距离进行变换。

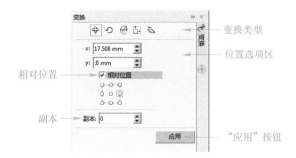

图 4-22

（1）位置变换

使用位置变换功能，通过参数设置可将选择的图形在水平位置或垂直位置移动。打开并选择花朵图形，如图 4-23 所示。在"变换"泊坞窗中，单击"位置"按钮，设置水平位置为 60mm，垂直位置为 10mm，如图 4-24 所示。设置"副本"数量为"1"，完成后单击"应用"按钮，在图中形成再制后的图形，连续单击"应用"按钮可以创建多个图形，如图 4-25 所示。

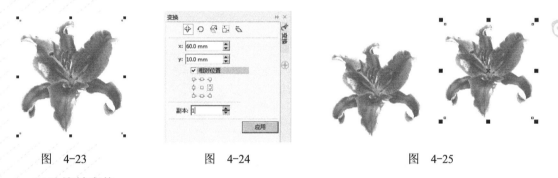

图   4-23                图   4-24                图   4-25

（2）旋转变换

使用旋转变换功能可将图形按照设置的角度变换。打开花朵图形文件，如图 4-26 所示。然后打开"变换"泊坞窗，单击"旋钮"按钮，将角度设置为 20°，然后单击"应用"按钮，如图 4-27 所示。选择的图形将按照设置的角度旋转，效果如图 4-28 所示。

图   4-26                图   4-27                图   4-28

在"旋转变换"页面，通过设置图形旋转的中心点，可以得到以某个固定点为中心旋转的新图形。

1）选择工具箱中的"挑选工具"，双击花朵图形，使其处在可以旋转的状态，如图 4-29 所示。此时将中心点 ⊙ 向左上角移动，如图 4-30 所示。打开"变换"泊坞窗，将角度设置为30°，如图4-31所示。

2）设置"副本"数量为7，单击"应用"按钮，将图形按照设置的角度旋转，形成一个花环图形，如图4-32所示。

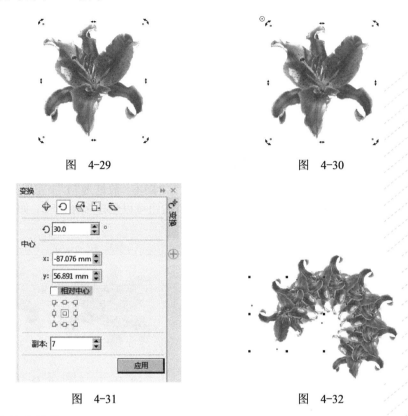

图 4-29　　　　　　　　　　　图 4-30

图 4-31　　　　　　　　　　　图 4-32

（3）缩放和镜像

使用缩放和镜像功能可将新图形沿水平或垂直方向缩放或者形成镜像图形。

1）选择花朵图形，如图4-33所示。打开"变换"泊坞窗，单击"缩放和镜像"按钮，将水平参数值设置为"50%"，如图4-34所示。设置"副本"数量为1，单击"应用"按钮，可以看到在图中形成了一个按照设定比例缩放的图形，如图4-35所示。

图 4-33　　　　　　　　　　　图 4-34　　　　　　　　　　　图 4-35

2）选择花朵图形，如图 4-36 所示。打开"变换"泊坞窗，单击"缩放和镜像"按钮，将水平参数值设置为"50%"，同时选择"镜像图标" 。设置完成后单击"应用"按钮，如图 4-37 所示，可以看到在图中形成了一个按照比例缩放并且水平对称的图形，如图 4-38 所示。

图　4-36　　　　　　　　　图　4-37　　　　　　　　　图　4-38

（4）大小变换

使用大小变换功能可通过设置相应的参数数值将图形变大或者变小。

1）选择花朵图形，如图 4-39 所示。打开"变换"泊坞窗，如图 4-40 所示。单击"大小"按钮，设置垂直数值为"25mm"，勾选"按比例"复选框，将相对位置设为"上方居中"，如图 4-41 所示，最后单击"应用"按钮，变换后的效果如图 4-42 所示。

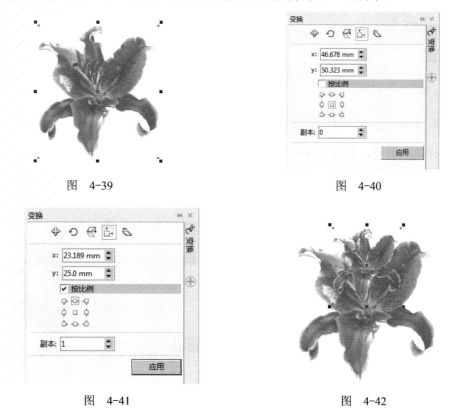

图　4-39　　　　　　　　　　　　　　　图　4-40

图　4-41　　　　　　　　　　　　　　　图　4-42

2）选择花朵图形，如图 4-43 所示。在"变换"泊坞窗，勾选"按比例"复选框，将相对位置设为"左中"，如图 4-44 所示，设置"副本"数量为"1"，最后单击"应用"按钮，变换后的效果如图 4-45 所示。

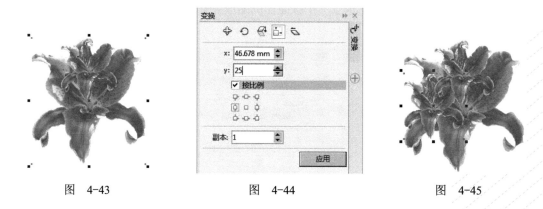

图 4-43            图 4-44            图 4-45

3）选择花朵图形，如图 4-46 所示。在"变换"泊坞窗，勾选"按比例"复选框，将相对位置设为"右中"，如图 4-47 所示，设置"副本"数量为"1"，最后单击"应用"按钮，变换后的效果如图 4-48 所示。

图 4-46            图 4-47            图 4-48

4）选择花朵图形，如图 4-49 所示。在"变换"泊坞窗，勾选"按比例"复选框，将相对位置设为"下方居中"，如图 4-50 所示，设置"副本"数量为"1"，最后单击"应用"按钮，变换后的效果如图 4-51 所示。

图 4-49            图 4-50            图 4-51

（5）倾斜

倾斜就是将图形沿水平位置或垂直位置进行倾斜，选择花朵图形，如图 4-52 所示。在

"变换"泊坞窗，单击"倾斜"按钮，将水平的数值设置为 30°，单击"应用"按钮，所得图形如图 4-53 所示。选择原图，将垂直的数值设置为 30°，单击"应用"按钮，变换后的效果如图 4-54 所示。选择原图，将水平及垂直的数值都设置为 30°，变换后的效果如图 4-55 所示。

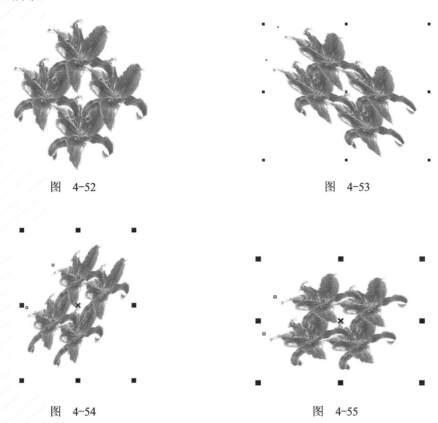

图　4-52　　　　　　　　　　　　　　　　图　4-53

图　4-54　　　　　　　　　　　　　　　　图　4-55

## 实战强化

1）熟悉 CorelDRAW X7 西服款式设计的绘图环境与一般步骤。

2）绘制西服款式设计图并进行设计变化。

3）绘制其他西服款式图例。

4）了解知识拓展内容。

# 项目 5　女内衣款式设计

1）熟练掌握"多边形工具"。

2）掌握"交互式变形工具"。

3）熟练掌握下拉菜单"位图"→"位图颜色遮罩"的使用方法。

4）熟练掌握下拉菜单"位图"→"三维效果"的使用方法。

## 项目情境

内衣指贴身穿的衣物，包括背心、汗衫、短裤、文胸等。文胸是保护与美化女性乳房的女性内衣，一般由系扣、肩带、调节扣环、下部的金属丝、填塞物等组成。内裤指贴身的下身内衣。内衣发展的时尚趋势体现于选材上，注重环保、健康、舒适性及个性化。现在，人们越来越重视内衣的设计，许多世界知名的品牌都经营内衣产品。

## 项目分析

以三角形、矩形等为基本形绘制内衣，填充图案时，可利用位图菜单对填充的图案进行各种艺术效果的变化。利用"交互式变形工具"可辅助进行花边设计。在内衣设计中需要注意的是，要根据各种不同的定位确定不同的设计风格，以内衣的功能性作为设计的首要条件。

## 项目实施

### 1. 女内衣款式设计的绘图环境

女内衣款式设计的绘图环境详见项目 1 中的直裙款式设计的绘图环境。

### 2. 女内衣款式设计的一般步骤

（1）绘制文胸

绘制文胸的基本轮廓：利用"多边形工具"结合 <Ctrl> 键绘制一个正三角形，属性设置如图 5-1 所示，正三角形如图 5-2 所示。单击属性栏中的"转换为曲线"按钮◎，利用"形状工具"在需要变化为曲线的部位单击，执行"属性栏"→"转换直线为曲线"↗命令，并删除三角形左侧的三个节点，如图 5-3 所示。将其调整成内衣的杯罩形状，如图 5-4 所示。

图　5-1

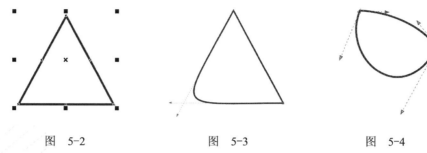

图　5-2　　　　　　　图　5-3　　　　　　　图　5-4

（2）绘制肩带、背带和调节环等

使用"贝塞尔工具" ![] 绘制内衣胁下部分，利用"形状工具" ![] 调整形状，利用"矩形工具" ![] 绘制肩带、背带、调节环，执行"排列"→"顺序"命令，调整上下层次，执行"排列"→"造形"→"修剪"命令对由两个矩形组合成的调节环进行调整，完成后旋转放在合适的位置，如图 5-5 所示。双击"挑选工具"群选绘制好的所有图形，执行复制、水平镜像命令，复制出内衣的另一边，如图 5-6 所示。

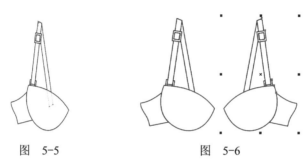

图　5-5　　　　　　　　　图　5-6

（3）完成内衣绘制填色

使用工具箱中的"贝塞尔工具" ![] 绘制内衣的其他结构，如图 5-7 所示。单击工具箱中的"编辑填充"按钮，弹出"编辑填充"对话框，单击"渐变"按钮，颜色等项的参数设置如图 5-8 所示，内衣填充效果如图 5-9 所示。

（4）图案填充

执行菜单"文件"→"导入"命令，导入填充的位图图案，执行"位图"→"位图颜色遮罩"→"颜色选择" ![] →"应用"命令，去掉底色，缩放、旋转、复制到合适的位置，如图 5-10 所示。使用"挑选工具"群选绘制好的所有花纹图形，执行复制、水平镜像命令，复制出内衣的另一边图案，如图 5-11 所示。

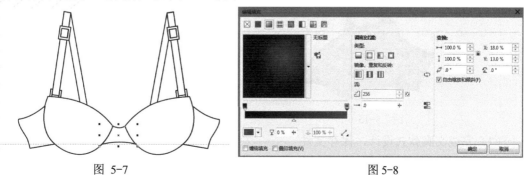

图 5-7　　　　　　　　　　　　　　　图 5-8

✂ 提示　一般素色内衣用这种方法表现立体效果。

图　5-9　　　　　　　　　图　5-10　　　　　　　　　图　5-11

（5）立体化图案填充

使用"挑选工具"将花纹和下面的罩杯群选，单击属性栏中的"组合对象"按钮 ⚏，执行"位图"→"转换成位图"命令，在弹出的对话框中单击"确定"按钮。执行"位图"→"三维效果"→"球面"命令，如图 5-12 所示。在弹出的对话框中进行设置，如图 5-13 所示。结果如图 5-14 所示，花纹呈现立体感，与罩杯的球形符合。

图　5-12　　　　　　　　　图　5-13　　　　　　　　　图　5-14

（6）绘制装饰花边

利用"贝塞尔工具" 在需要的地方绘制出一条弧线，如图 5-15 所示。使用"交互式变形工具" 在其属性栏中设定为"拉链变形" 、"平滑变形" 、"中心变形" ，拉链失真频率为 ，弧线产生变化，变形结果如图 5-16 所示。

图　5-15　　　　　　　　　图　5-16

（7）完成文胸款式设计，保存文件

执行复制、水平镜像命令，复制出内衣的另一边花边，整件内衣款式设计图完成，如

图 5-17 所示，保存文件。

### 3．绘制内裤

利用"矩形工具" □ 绘制一个宽 25cm× 高 21cm 的矩形并转换成曲线。在水平标尺和垂直标尺上分别按住鼠标，拖出两条辅助线，执行"视图"→"对齐辅助线"命令，利用"形状工具" ⬚ 调整矩形成如图 5-18 所示的后裤片形状。复制粘贴相同的形状，利用"形状工具"调整成前裤片，如图 5-19 所示。填充颜色、图案和绘制花边，如图 5-20 所示。

图 5-17

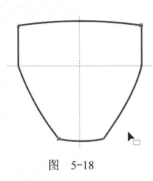

图 5-18

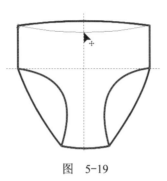

图 5-19

图 5-20

### 4．填充其他颜色

产生不同的效果，如图 5-21 ～图 5-22 所示。

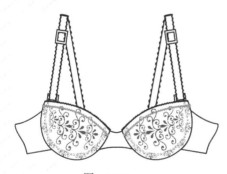

图 5-21

图 5-22

※ 提示　以上介绍了 CorelDRAW 中位图的立体化操作。对在 CorelDRAW 中绘制的对象，即对矢量图进行立体化时要用另外一种方法。例如，用"贝塞尔工具"绘制好花纹，排列在罩杯中合适的位置，复制一个未填色的罩杯形状放在花纹上，选择罩杯形状，执行"效果"→"透镜"命令，或按 <Alt+F3> 组合键，在弹出的对话框中进行设置，使花纹呈现立体感。

### ◼ 触类旁通

其他内衣款式图如图 5-23 ～图 5-24 所示，可以按这些内衣的款式图样进行设计变化。

图　5-23　　　　　　　　　　　　图　5-24

■知识拓展

**1. 对象的复制、粘贴与删除**

通过对象的基本设置可以形成多种图形排列的效果，也可以通过剪切或删除的方法将多余的图形去除。

（1）复制、剪切和粘贴图形

通过复制和粘贴操作可以得到和原图形大小相同的图形，再通过移动操作可以在图像窗口中形成多个相同的图形。剪切图形的目的是将某个被选择的图形从一个图像窗口移动到另一个图像窗口中，而粘贴所在位置和剪切时的图形位置相同。

1）打开蝴蝶图形文件，如图 5-25 所示。选择该图形后按 <Ctrl+C> 组合键复制图形，再按 <Ctrl+V> 组合键粘贴图形并将粘贴的图形变小，效果如图 5-26 所示。

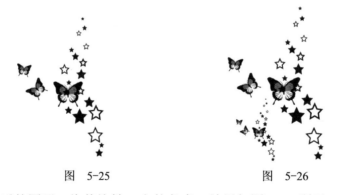

图　5-25　　　　　　　　　　　　图　5-26

2）选取变小后的图形，将其旋转一定的角度，效果如图 5-27 所示。继续选择原图像并复制，粘贴后变换到合适大小，放置到如图 5-28 所示的位置。

图　5-27　　　　　　　　　　　　图　5-28

（2）删除图形对象

在 CorelDRAW X7 中有 3 种常用的方法可以删除不需要的图形。

1）使用"挑选工具"选择要删除的图形，直接按 <Delete> 键将其删除。例如，使用"挑选工具"选择要删除的蝴蝶图形，如图 5-29 所示，然后按 <Delete> 键将其删除，删除后的图形如图 5-30 所示。

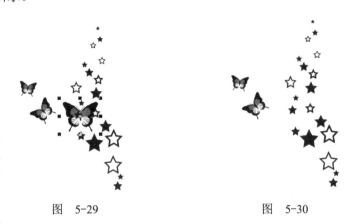

图　5-29　　　　　　　　　　　　　图　5-30

2）使用"挑选工具"选择要删除的图形，在该图形上单击鼠标右键，弹出的菜单如图 5-31 所示，然后选择"删除"命令将其删除。

3）使用"挑选工具"选择要删除的图形，执行"编辑"→"删除"命令，也可将选中的图形删除，如图 5-32 所示。

图　5-31

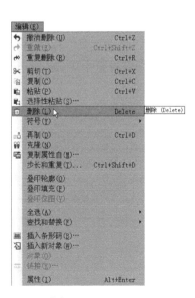

图　5-32

## 2. 对象的群组与解组

群组和解组是针对图形组合的两种操作。用户可以通过群组的方法组合多个图形，方便后续对图形进行整体编辑。解组则是针对已经群组的图形将其变换为多个可分别编辑和更改的图形。

（1）群组多个对象

群组对象可以使用户方便地对图形进行整体移动和编辑。首先使用"挑选工具"选择要群组的对象，然后按 <Ctrl+G> 组合键将图形群组，已经群组的图形还可以再与另外选取的图形群组。

1）打开 T 恤衫图形，该图形各个部位均未群组，使用"挑选工具"选择 T 恤衫的领子，如图 5-33 所示。

2）按住 <Shift> 键的同时逐一单击 T 恤衫领子的其他所有部位，包括线条、纽扣、扣眼等，将其全部选取。然后按 <Ctrl+G> 组合键将整个 T 恤衫领子部位群组，如图 5-34 所示。

图　5-33　　　　　　　　　　　　　　　图　5-34

3）使用"挑选工具"框住整件 T 恤衫，将其全部选取，如图 5-35 所示。然后按 <Ctrl+G> 组合键将整个 T 恤衫图形群组，如图 5-36 所示。

图　5-35　　　　　　　　　　　　　　　图　5-36

（2）群组对象的解组

在需要对群组中的对象单独编辑时，可以通过对群组对象使用"取消群组"功能，将群组解组。在编组对象中，对于包含了多层次的编组对象，可以使用"取消全部群组"功能将多重对象的编组全部解组为单独的图形对象。

1）选择群组的 T 恤衫图形，单击属性栏中的"取消群组"按钮 将群组解散。解组后，T 恤衫的领子和衣片可以用"挑选工具"分开来选择，例如，选中衣片，如图 5-37 所示。单击蓝色色块将衣片颜色更换为蓝色，如图 5-38 所示。

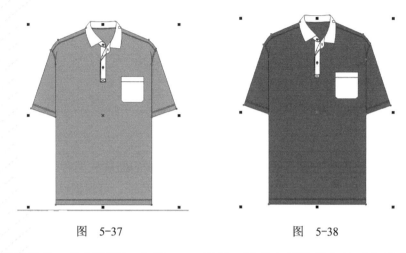

图  5-37                          图  5-38

2）选择群组的 T 恤衫图形，如图 5-39 所示，再单击属性栏中的"取消全部群组"按钮 ，可以将群组的图形一次性全部解散，图形中的每一个部位和线条都可以单独选择，如图 5-40 所示。

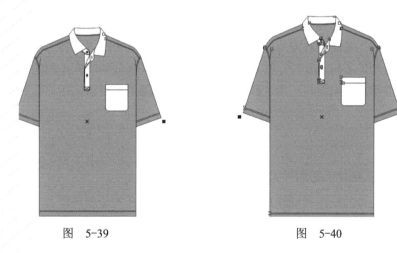

图  5-39                          图  5-40

## ■实战强化

1）熟悉 CorelDRAW X7 内衣款式设计的绘图环境与一般步骤。

2）绘制内衣款式设计图并进行设计变化。

3）绘制其他内衣款式图例。

4）了解知识拓展内容。

# 项目 6　假二件式连衣裙款式设计

### 职业能力目标

1）熟练掌握罗纹的绘制方法。

2）熟练掌握图形的修剪方法。

## 项目情境

连衣裙可分为腰围没有缝合线的连腰式和有缝合线的断腰式两种。连衣裙上衣贴身，能显示出女性体形的曲线美；下摆设计具有明显的时代特征，可根据风格的不同设计成各式各样的下摆。近几年比较流行的下摆样式有郁金香形、灯笼形等，而经典的一字裙则长盛不衰，表现出女性体态的轻盈。针织面料与梭织面料的混搭、假二件式的裁剪成为时尚的标志，为许多年轻女性所喜爱。

## 项目分析

以矩形为基本形绘制连衣裙。利用"形状工具"调整连衣裙外轮廓使其更具有曲线美，利用"贝塞尔工具"表现上衣前片的两层面料即假二件式，采用"裁剪工具"使腰围形成缝合线而不直接用"贝塞尔工具"，其目的是使上下两截可以分别填充不同的颜色，腰节处填充线条表示采用罗纹针织面料，为了显示黑色罗纹的肌理效果可以采用白色轮廓线条。

## 项目实施

### 1. 连衣裙款式设计的绘图环境

连衣裙款式设计的绘图环境详见项目 1 中直裙款式设计的绘图环境。

### 2. 连衣裙款式设计的一般步骤

（1）绘制连衣裙的基本轮廓

使用"轮廓笔工具"，设置轮廓宽度为"3.0mm" 3.0 mm 。利用"矩形工具" 绘制一个宽度约为 22cm、高度约为 78cm 的矩形，如图 6-1 所示。利用"形状工具" 选中矩形，单击"属性栏"中的"转换为曲线"按钮 ，调整得到连衣裙的基本轮廓图形，如图 6-2 所示。利用"刻刀工具"依次在侧缝和前中线合适的位置单击，分割连衣裙轮廓，形成断腰式，如图 6-3 所示。利用"形状工具" 选中上衣，调整腰节处弧形，如图 6-4 所示。

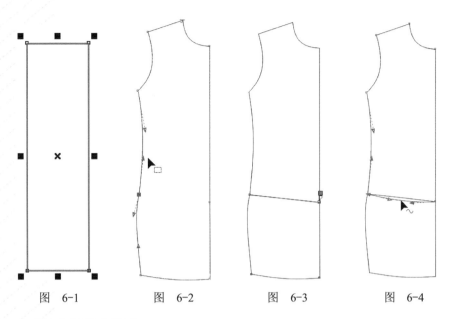

图 6-1　　　　　图 6-2　　　　　图 6-3　　　　　图 6-4

（2）完成连衣裙基本轮廓

利用"挑选工具" 选中上衣基本轮廓图形，如图 6-5 所示。执行"对象"→"造形"→"造型"命令，在弹出的对话框中选择"修剪"。单击"修剪"按钮后，在连衣裙下裙空白处单击，如图 6-6 所示。完成下裙轮廓绘制，如图 6-7 所示，并将前片轮廓图形填充为白色。

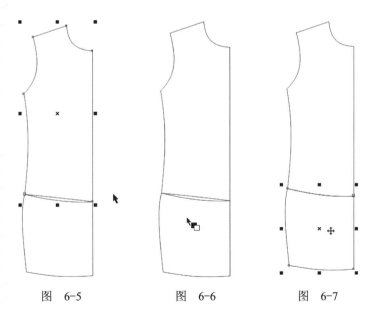

图 6-5　　　　　　图 6-6　　　　　　图 6-7

（3）绘制连衣裙假二件式领口与挖袋以及缉明线

执行"视图"→"对齐对象"命令。选中"贝塞尔工具" 绘制连衣裙假二件式领口，绘制挖袋弧形及门襟搭门线，如图 6-8 所示。单击"轮廓笔" 按住不松手，拖动选择画笔，弹出"轮廓笔"对话框，参数设置为 1.25mm 的虚线，利用"贝塞尔工具" 绘制连衣裙缉

69

明线，如图 6-9 所示。

（4）绘制连衣裙领子

利用"贝塞尔工具" 在领口部位绘制连衣裙翻领轮廓，从颈肩点开始顺时针方向绘制，填充为白色，如图 6-10 所示。利用"贝塞尔工具" 在前领中部绘制连衣裙领座轮廓，如图 6-11 所示。

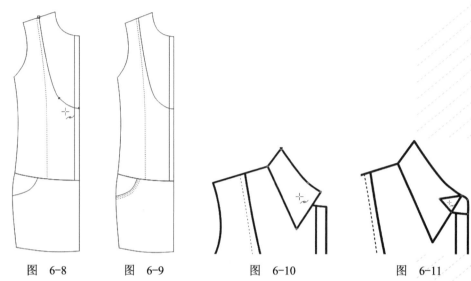

图 6-8      图 6-9          图 6-10          图 6-11

（5）完成连衣裙领子

利用"挑选工具" 选中连衣裙翻领图形，如图 6-12 所示。执行"对象"→"造形"→"造型"命令，在弹出的对话框中选择"修剪"。单击"修剪"按钮后在连衣裙领座空白处单击，如图 6-13 所示。完成连衣裙领子绘制，如图 6-14 所示。

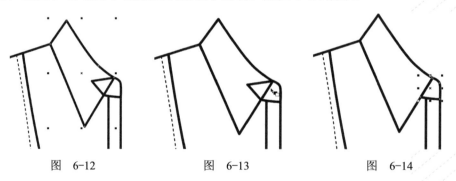

图 6-12          图 6-13          图 6-14

（6）绘制连衣裙袖子与袖克夫

利用"贝塞尔工具" 绘制连衣裙袖子，由肩端点开始绘制一个循环封闭袖子的轮廓图形，如图 6-15 所示。选中上衣，如图 6-16 所示，对袖子进行修剪。利用"手绘工具"添加袖克夫直线，如图 6-17 所示。

（7）绘制连衣裙腰节

利用"刻刀工具"依次在侧缝和前中线合适的位置单击，如图 6-18 所示。分割形成连衣裙上衣和腰节两部分，如图 6-19 所示。利用"形状工具" 选中上衣，调整腰节弧形，如图 6-20 所示。

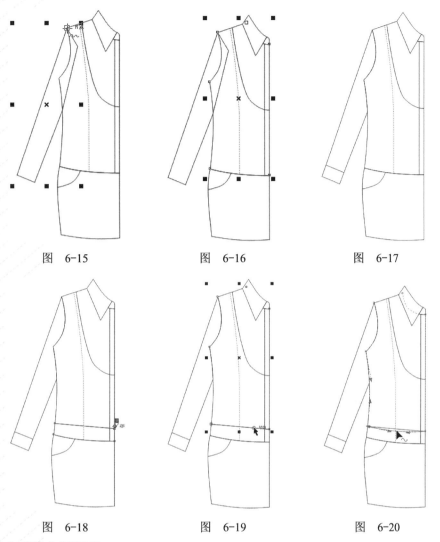

图　6-15　　　　　　图　6-16　　　　　　图　6-17

图　6-18　　　　　　图　6-19　　　　　　图　6-20

（8）完成连衣裙腰节

选中上衣对腰节进行修剪。利用"形状工具"![形状工具图标]调整腰节形状，绘制出腰节与裙子间的层次感，选中腰节对缉明线和搭门线进行修剪，如图 6-21 所示。

（9）镜像复制连衣裙

利用"挑选工具"![挑选工具图标]选中所有图形，如图 6-22 所示。选中属性栏中的"水平镜像工具"![水平镜像工具图标]，按 <Shift> 键水平拖动到合适位置，可结合键盘上的左、右箭头方向键进行微调，如图 6-23 所示。

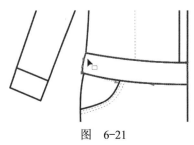

图　6-21

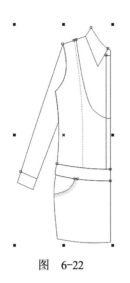
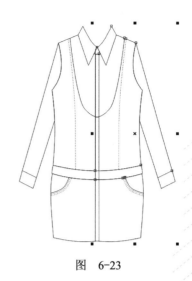

图 6-22                          图 6-23

（10）焊接连衣裙腰节和裙子

利用"挑选工具" <img>，选中左侧腰节图形，如图 6-24 所示。执行"对象"→"造形"→
"造型"命令，打开造型泊坞窗，选中"焊接"选项，单击"焊接到"按钮，如图 6-25 所示。
在右侧腰节空白处单击，如图 6-26 所示。用同样的方法完成裙子部位的焊接，如图 6-27 所示。

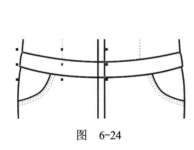
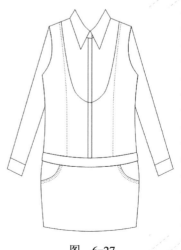

图 6-24                          图 6-25

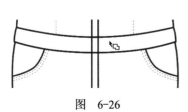

图 6-26                          图 6-27

❋提示　可利用"形状工具"对焊接后不够圆顺的外轮廓弧线进行适当调整。

（11）绘制连衣裙后领

利用"贝塞尔工具"绘制连衣裙后领轮廓，如图 6-28 所示。利用"挑选工具"结合 <Shift> 键同时选中左右两片前领，如图 6-29 所示。执行"对象"→"造形"→"造型"命令，在弹出的对话框中选择"修剪"，单击"修剪"按钮，再单击连衣裙后领空白处，完成修剪，如图 6-30 所示。利用"手绘工具"在领底处绘制一条直线，完成连衣裙后领的绘制，如图 6-31 所示。

❋提示　要进行修剪的来源对象和目标对象都要求是封闭可填充颜色的图形。

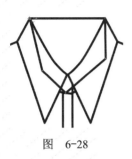 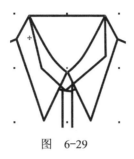 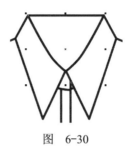 

图　6-28　　　　　图　6-29　　　　　图　6-30　　　　　图　6-31

（12）绘制纽扣

利用"椭圆形工具"绘制连衣裙纽扣并复制排列在适当的位置，如图 6-32 所示。

图　6-32

（13）绘制腰节罗纹

1）利用"手绘工具"结合 <Ctrl> 键绘制一条轮廓宽度为 3mm、长度为 10cm 的垂直线，选择"对象"→"变换"→"位置"命令，在弹出的对话框中设置水平为"10.0mm"，设置"副本"数量为"1"，重复点击"应用"按钮约 44 次，如图 6-33 所示。复制出一组水平间距为 10mm 的垂直线，如图 6-34 所示。

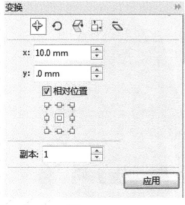

图　6-33

图　6-34

2）利用"挑选工具"全选整组垂直线图形，按住鼠标右键拖到腰节处，如图 6-35 所示。松开鼠标右键，在弹出的菜单中选择"图框精确剪裁内部"命令，如图 6-36 所示。

3）完成罗纹填充，如图 6-37 所示。

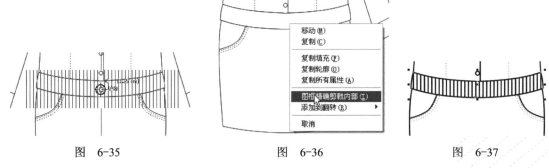

图 6-35          图 6-36          图 6-37

（14）完成连衣裙款式设计，保存文件

在腰节罗纹上单击鼠标右键，在弹出的快捷菜单中选择"编辑内容"命令，如图6-38所示。选中整组垂直线图形，右键单击调色板中的白色，将线条换成白色，在线条图形上单击鼠标右键，在弹出的快捷菜单中选择"结束编辑"命令，如图6-39所示。各部位填充适当的颜色，腰节填充黑色，利用"贝塞尔工具" <img> 绘制两条轮廓宽度为5mm的黑色绳子，如图6-40所示。在前片的基础上完成后片的绘制，如图6-41所示。

图 6-38          图 6-39

图 6-40          图 6-41

■触类旁通

其他连衣裙款式示例如图 6-42 所示，有兴趣的读者可以按照连衣裙的样式进行设计变化。

图　6-42

✂提示　连衣裙的蕾丝花边利用"交互式调和工具"完成。

■知识拓展

### 1. 对象的锁定与解锁

锁定对象可以保护某些不需要编辑的图形，以防被误修改。锁定后，对象的位置及颜色等属性不能被修改；通过解锁可以释放锁定的对象，图形解锁后可以重新进行编辑和调整。执行"窗口"→"泊坞窗"→"属性"命令，打开"对象属性"泊坞窗，如图 6-43 所示。在该泊坞窗中可以对图形进行锁定及解锁等操作。单击"锁定" 🔒 按钮，将图形锁定。如果当前选择的图形已经被锁定，则单击"解除锁定对象" 解除锁定对象(K) 按钮可以解锁。

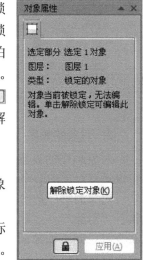

图　6-43

（1）对象的锁定

将对象锁定后，不能对该对象再进行任何操作，锁定后的对象周围会出现锁状的图标，锁定对象的具体操作步骤如下。

1）打开星星和月亮图形文件，选择要锁定的图形，单击鼠标右键，在弹出的快捷菜单中选择"锁定对象"命令，如图 6-44 所示。执行该操作后，选中的图形即被锁定，且图形周围出现锁状的图标，如图 6-45 所示。

2）在群组的对象上执行锁定命令后如图 6-46 所示，按住 <Ctrl> 键时选中群组中的单一图形对象，在选中的图形周围也会出现锁定图标，如图 6-47 所示。

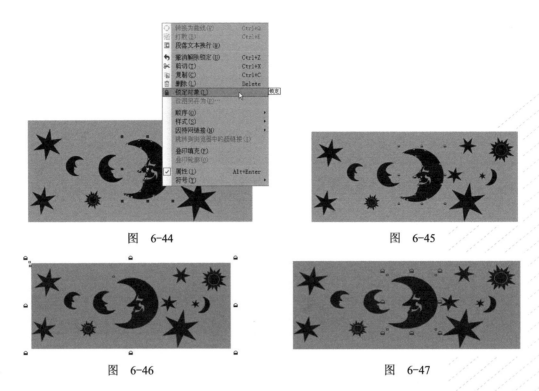

图 6-44　　　　　　　　　　　　　　　　图 6-45

图 6-46　　　　　　　　　　　　　　　　图 6-47

（2）对象的解锁

解锁就是将锁定后的图形再变回可以自由变换的图形。选择锁定图形，单击鼠标右键，在弹出的快捷菜单中选择"解除锁定对象"命令即可解锁，如图 6-48 所示。图形解锁后，用户可以重新对其进行选择，如图 6-49 所示。

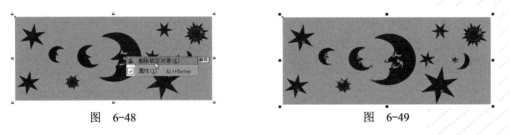

图 6-48　　　　　　　　　　　　　　　　图 6-49

**2. 对象的顺序**

对象顺序的设置主要通过"对象"菜单中的相关命令来完成。只需选择相应的命令就可以设置对象的顺序，也可以设置图层与图形、页面与图形之间的顺序。

对象的顺序是指图形之间的前后关系、图层和图形的关系以及页面与图形之间的关系。执行"对象"→"顺序"命令，在弹出的菜单中选择相应的命令即可完成设置。主要顺序命令有：到页面前面、到页面背面、到图层前面、到图层后面、向前一层、向后一层、置于此对象前和置于此对象后，如图 6-50 所示。

1）图形前后关系的设置。打开高跟鞋图形文件，单击"挑选工具"按钮，选择要调整顺序的蝴蝶结图形，如图 6-51 所示。然后执行"对象"→"顺序"→"向后一层"命令，调整图形顺序后的效果如图 6-52 所示。从中可以看出，被选择的蝴蝶结图形放置到了鞋面的后面。

2）页面和图形之间关系的设置。选择要编辑的钻石图形，如图 6-53 所示，执行"对象"→"顺序"→"到图层后面"命令，即可将该图形放置到所有图形的后面，即被隐藏不见，如图 6-54 所示。

图　6-50

图　6-51　　　　图　6-52　　　　图　6-53　　　　图　6-54

3）利用"挑选工具"结合 <Alt> 键选择被鞋面遮挡的蝴蝶结图形，如图 6-55 所示。执行"对象"→"顺序"→"置于此对象前"命令，此时鼠标指针变为黑色箭头，单击鞋面图形，如图 6-56 所示，将蝴蝶结放置于鞋面。

4）利用"挑选工具"结合 <Alt> 键选择图层后的钻石图形，如图 6-57 所示。继续应用调整图形顺序的方法，将钻石图形放置到鞋面和蝴蝶结的上方，调整顺序后的高跟鞋如图 6-58 所示。

图　6-55　　　　图　6-56　　　　图　6-57　　　　图　6-58

## 实战强化

1）熟悉 CorelDRAW X7 连衣裙款式设计的绘图环境与一般步骤。

2）绘制连衣裙款式设计图并进行设计变化。

3）绘制其他连衣裙款式设计图。

4）了解知识拓展内容。

# 项目 7 服饰配件设计

## 职业能力目标

1）熟练掌握"交互式立体化工具"的使用方法。

2）熟练掌握"交互式调和工具"的使用方法。

## 任务 1 纽 扣

### ■任务情境

纽扣就是衣服上用于两边衣襟相连的系结物。最初它只是用来连接衣服门襟的，现在除了保持其原有功能外，更具有艺术性及装饰性。好的纽扣设计能够使服装更加完美，起到"画龙点睛"的作用。

### ■任务分析

以圆形为基本形绘制纽扣。按纽扣的孔眼特征可将其分为明眼扣和暗眼扣，明眼扣又分为四眼扣和两眼扣。西装上的纽扣多采用四眼扣，采用修剪的方法绘制纽扣并排列修剪完成，可以制成立体的逼真效果。

### ■任务实施

#### 1. 服饰配件设计的绘图环境

服饰配件设计的绘图环境详见项目 1 中直裙款式设计的绘图环境。

#### 2. 纽扣设计的一般步骤

1）利用"椭圆形工具"结合 <Ctrl> 键绘制一个正圆形，执行"编辑"→"复制"、"编辑"→"粘贴"命令得到两个圆形，单击圆形右上角的编辑节点，将其中一个圆形向圆心拖动，如图 7-1 所示。得到两个同心圆，如图 7-2 所示。

图 7-1                             图 7-2

2）选中小圆，打开"造型"泊坞窗，单击"修剪"按钮，如图 7-3 所示，单击大圆任意部位，得到修剪好的纽扣圆环图形。选中圆环，执行"对象"→"顺序"→"到图层前面"命令，将圆环放在最上层，移开小圆查看圆环，如图 7-4 所示。

3）撤销移动，绘制四个小圆并群组，如图 7-5 所示。将图形对齐中心排列并选中小圆，如图 7-6 所示。

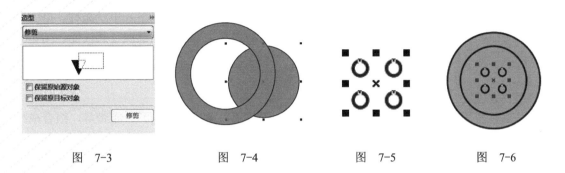

图 7-3　　　　　图 7-4　　　　　图 7-5　　　　　图 7-6

4）选择"造型"泊坞窗，单击"修剪"按钮，如图 7-7 所示。单击圆形的任意部位，得到修剪好的纽扣图形，如图 7-8 所示。

5）单击工具箱中的"交互式立体化工具" ，选择"默认立体化类型"，单击圆环并拖动鼠标，如图 7-9 所示。调整其属性工具栏中"立体化照明" 的设置，如图 7-10 所示，完成纽扣立体效果的设置，如图 7-11 所示。

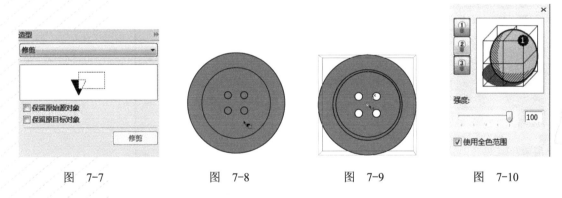

图 7-7　　　　　图 7-8　　　　　图 7-9　　　　　图 7-10

6）利用以上介绍的方法将 4 个小圆也增添立体化效果，如图 7-12 所示，完成后或者在绘制圆形时，通过改变圆形的颜色可以绘制各色纽扣，如图 7-13 和图 7-14 所示。

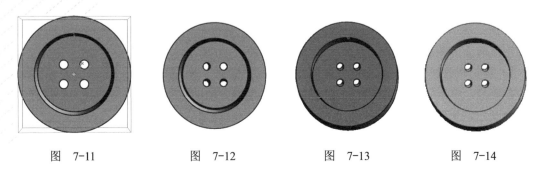

图 7-11　　　　　图 7-12　　　　　图 7-13　　　　　图 7-14

# 任务 2 拉 链

## ■任务情境

拉链是依靠连续排列的链牙使物品并合或分离的连接件,大量用于服装、包袋、帐篷等。随着社会经济和科学技术的发展,拉链由最初的金属材料向非金属材料,单一品种、单一功能向多品种、多规格综合功能发展,简单构造向精巧美观、五颜六色发展,其性能、结构、材料日新月异,用途广泛。

## ■任务分析

以矩形为基本图形绘制拉链的链牙、拉头、限位码(前码和后码)、布带等,组合成拉链并填充渐变色,制作金属拉链效果。金属拉链一般适用于牛仔服、休闲服和一些高级的风衣。

## ■任务实施

### 1. 链牙的绘制

1)绘制一个矩形,转换为曲线,利用"形状工具"进行变形,如图 7-15 所示。填充线性渐变,设置填充颜色为"灰→白→灰",如图 7-16 所示,填充效果如图 7-17 所示。得到一个拉链齿。

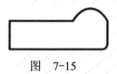

图 7-15

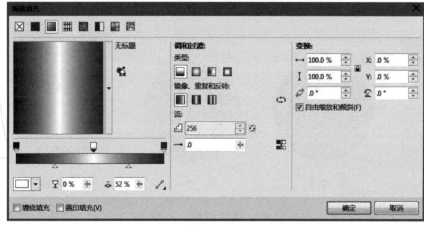

图 7-16

图 7-17

2)复制并水平镜像拉链齿到合适的位置,如图 7-18 所示。将填充渐变色的拉链齿排列到前面,选中两个拉链齿,如图 7-19 所示,单击属性栏中的"前减后"按钮 ,将后面的图形从前面的图形中减去,得到的图形效果如图 7-20 所示。

3)复制修剪好的拉链齿并调整好位置,执行"对象"→"群组"命令,如图 7-21 所示。选中拉链齿,单击鼠标右键结合 <Ctrl> 键向下拖动到合适的位置,在弹出的菜单中选择"复制"命令,效果如图 7-22 所示。

4)按 <Ctrl+D> 组合键复制出整条拉链,如图 7-23 所示,最下面的拉链齿形状如图 7-24 所示。

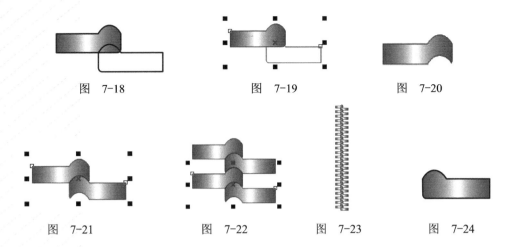

图　7-18　　　　　　　　图　7-19　　　　　　　　图　7-20

图　7-21　　　　　　　图　7-22　　　　　图　7-23　　　　　图　7-24

### 2．拉头的绘制

1）绘制一个矩形并转换为曲线，如图 7-25 所示，利用"形状工具"进行变形，如图 7-26 所示，填充"灰→白→灰"的线性渐变色，如图 7-27 所示。

2）绘制一个长矩形，利用"形状工具"拖动矩形右上角的点，使其成圆角，填充"灰→白→深灰→中灰→深灰→白→灰"的线性渐变色，如图 7-28 所示，"编辑填充"对话框的设置如图 7-29 所示。

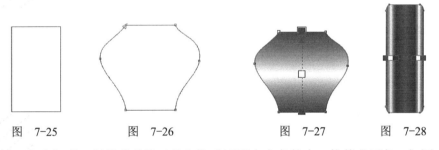

图　7-25　　　　　　图　7-26　　　　　　图　7-27　　　　图　7-28

3）绘制一个小矩形，利用"形状工具"拖动矩形右上角的点，使其成圆角，如图 7-30 所示。将它放在长矩形的上半部分，选中两个矩形，然后单击属性栏中的"后减前"按钮，将前面的图形从后面的图形中减去，得到的图形效果如图 7-31 所示。

图　7-29　　　　　　　　　　　　　　　　图　7-30　图　7-31

4）再绘制一个细长的矩形，对以上绘制的图形进行大小调整和位置群组操作，组成拉链头，如图 7-32 所示。整条拉链的效果如图 7-33 所示。

图 7-32　　　　　　　　　　　　　　　　图 7-33

### 3．半拉开的拉链效果绘制

1）选择一个最底部的拉链齿图形并复制，如图 7-34 所示，选择工具箱中的"交互式调和工具" ，单击上面的拉链齿并拖动到下方的拉链齿位置，松开鼠标得到调和的一组图形，如图 7-35 所示。

2）利用"贝塞尔工具"在拉链上端绘制一条弧线，如图 7-36 所示。选择调和的拉链齿，单击调和工具属性栏中的"路径属性"按钮，在弹出的快捷菜单中选择"新路径"命令，如图 7-37 所示。在弧线上单击，如图 7-38 所示，图形效果如图 7-39 所示。

3）单击"交互式调和工具"属性栏中的"路径属性"按钮。在弹出的菜单中勾选"沿全路径调和"，如图 7-40 所示。调整"交互式调和工具"属性栏中的"步长和调和之间的偏移量" 的数值，可以改变拉链齿的数量，图形效果如图 7-41 所示。

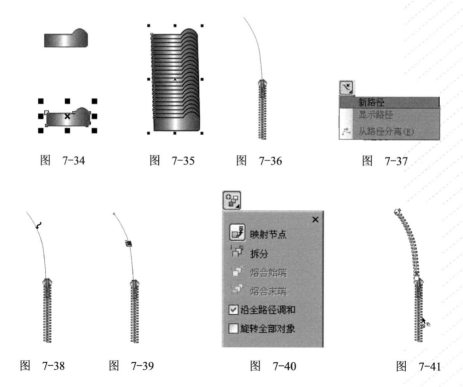

图 7-34　　　　图 7-35　　　　图 7-36　　　　图 7-37

图 7-38　　　　图 7-39　　　　　　图 7-40　　　　　　图 7-41

4）选择图形如图 7-42 所示，执行"对象"→"拆分路径群组上的混合"命令，如图 7-43 所示，拉链齿与路径分离。选择路径，利用"贝塞尔工具"将它绘制成拉链的布带并填充适当的颜色，如图 7-44 所示。复制并镜像另外一边，如图 7-45 所示。

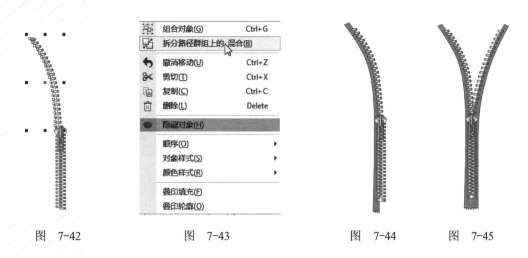

| 图　7-42 | 图　7-43 | 图　7-44 | 图　7-45 |

## 任务 3  镶 钻 腰 带

### ■ 任务情境

用来束腰的带子、裤带多用皮革制成，俗称皮带。在现代服装设计中，腰带设计已经成为一种时尚。很多服装设计师都为他们所设计的成衣配上时尚的腰带，以满足消费者服饰搭配的审美需要。

### ■ 任务分析

以圆形为基本形，绘制人造钻石。以矩形为基本形，绘制腰带头、腰带及腰带扣等部位。

### ■ 任务实施

**1．人造钻石**

1）利用"椭圆形工具"结合 <Ctrl> 键绘制一个直径为 2.5cm 的正圆形。利用"手绘工具"绘制一条中线，如图 7-46 所示。执行"对象"→"变换"→"旋转"命令，设置旋转参数，如图 7-47 所示，重复单击"应用"按钮 4 次，得到图形如图 7-48 所示。

2）利用"挑选工具"结合 <Shift> 键选中所有的线条。执行"对象"→"造形"→"造型"命令，在泊坞窗中选择"修剪"，如图 7-49 所示。单击圆形得到 10 个单独的扇形，如图 7-50 所示。

3）利用"交互式填充工具"分别为每一个扇形填充黑白渐变色，不规则填充才能

表现钻石的光泽，如图 7-51 所示。将轮廓线填充为白色，如图 7-52 所示。选中图形按
<Ctrl+G> 组合键将其群组。

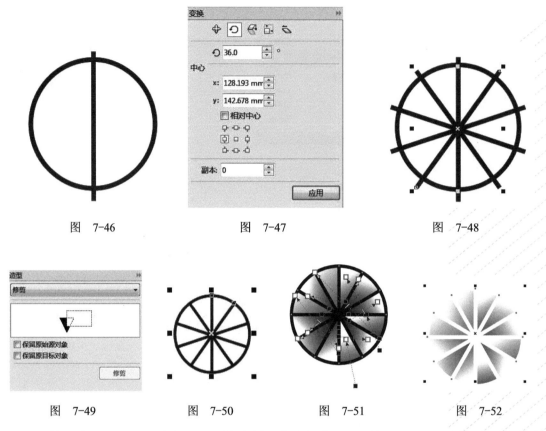

<table>
<tr><td>图 7-46</td><td>图 7-47</td><td>图 7-48</td></tr>
</table>

图 7-49     图 7-50     图 7-51     图 7-52

4）利用"椭圆形工具"结合 <Ctrl> 键绘制一个直径为2.8cm的正圆形。选中圆形，利用"交互式填充工具"，单击属性栏"编辑填充"按钮 ，打开渐变填充对话框，设置渐变色填充方式为"圆锥"→"自定义"，色彩设置为"黑→白→ 80% 黑→白 60% →黑"，如图 7-53所示。渐变色填充效果如图 7-54 所示。

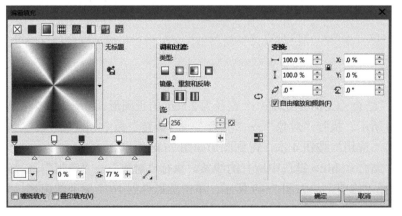

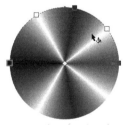

图 7-53        图 7-54

5）利用"挑选工具"结合 <shift> 键选中两个图形，单击属性栏中的 图标打开"对齐和分布设置"对话框，将对齐方式设为"垂直、水平居中"，单击"应用"按钮，如图 7-55 所示。完成钻石的绘制，如图 7-56 所示。

图　7-55　　　　　　　　　　　　　图　7-56

### 2. 腰带头

1）绘制一个宽 50cm、高 30cm 的大矩形和一个宽 26cm、高 12cm 的小矩形，如图 7-57 所示。转换为曲线，利用"形状工具"修改成六边形，如图 7-58 所示。选中小六边形修剪大六边形，得到腰带扣图形。

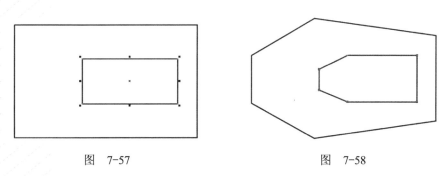

图　7-57　　　　　　　　　　　　　图　7-58

2）填充"30% 黑→5% 黑→30% 黑"的线性渐变色，如图 7-59 所示。利用"贝塞尔工具"绘制花纹，如图 7-60 所示。

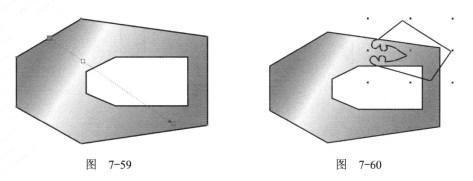

图　7-59　　　　　　　　　　　　　图　7-60

3）执行"对象"→"造型"→"造型"命令，在泊坞窗中选择"相交"，如图 7-61 所示。得到花纹图形，如图 7-62 所示。

4）利用"形状工具"修整花纹图形，执行"填充" 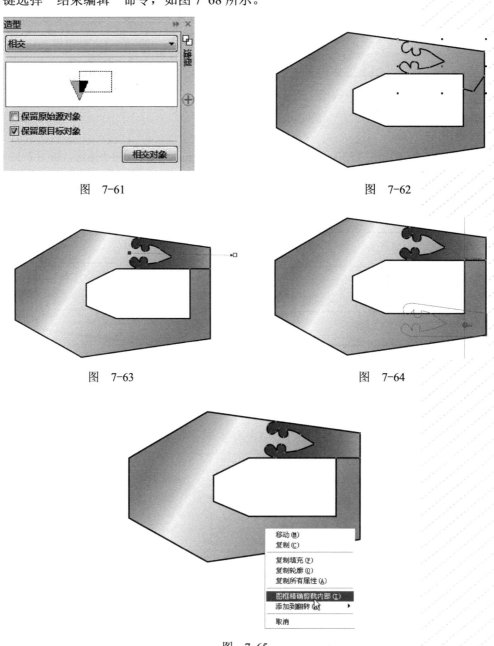→"渐变填充" ■命令，填充（R：82，G：82，B：82）、灰色到白色的线性渐变填充，如图7-63所示。利用"挑选工具"选中花纹图形，按住鼠标右键拖动到腰带扣的任意位置，如图7-64所示。

5）松开鼠标右键，在弹出的菜单中选择"图框精确裁剪内部"，如图7-65所示。在花纹上单击右键选择"编辑内容"命令，如图7-66所示。

6）选中花纹图形，右键单击调色板中的⊠图标去除轮廓线并拖到合适的位置，复制一个到对称的位置，执行属性栏中的"垂直镜像"命令⧎，如图7-67所示。在花纹上单击鼠标右键选择"结束编辑"命令，如图7-68所示。

图　7-61

图　7-62

图　7-63

图　7-64

图　7-65

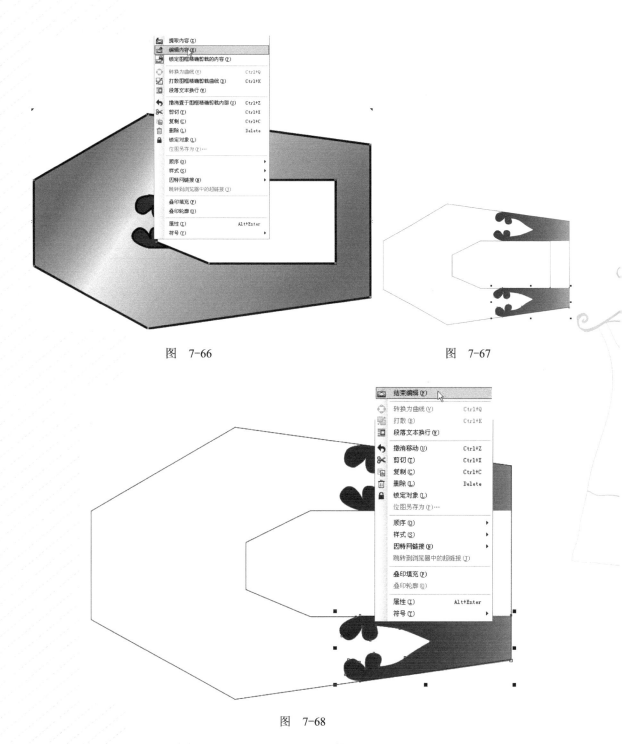

图　7-66　　　　　　　　　　　　　　　　图　7-67

图　7-68

　　7）完成腰带扣花纹填充，如图 7-69 所示。复制排列钻石，绘制完成腰带头并按 <Ctrl+G>组合键群组，如图 7-70 所示。

　　8）缩小拉链头并完成腰带设计，皮带由宽 126cm× 高 3.3cm 的矩形变化而成，如图 7-71所示。

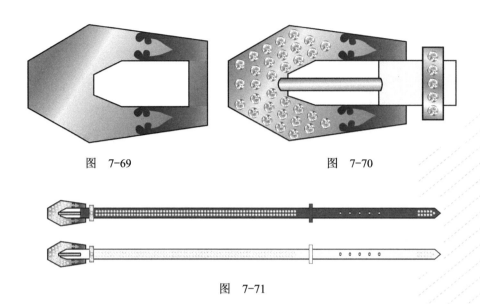

图 7-69          图 7-70

图 7-71

## 触类旁通

手袋的设计如图 7-72 所示。有兴趣的读者可以按照此款样式进行设计变化。

图 7-72

## 知识拓展

焊接是指将所有连接的几个图形合并为拥有共同轮廓属性的单个图形，该操作要求所焊接的图形之间要有重叠部分。而相交是使两个相重叠图形的中间区域形成一个新图形，新形成的图形为两个图形的重叠区域。

1）打开童装图形文件，如图 7-73 所示。然后应用"挑选工具"选中衣片中的橙色部分，结合 <Shift> 键继续选中白色部分，单击属性栏中的"焊接"按钮，将原来分为上下两部分的衣片焊接为只有一个轮廓的图形，效果如图 7-74 所示。

2）撤销上一步操作，使用"椭圆形工具"绘制一个橙色椭圆形并选中，如图 7-75 所示。执行"窗口"→"泊坞窗"→"造型"命令，打开造型泊坞窗，勾选"保留原目标对象"，如图 7-76 所示。单击"相交对象"按钮，在目标对象衣片下摆任意处单击即可将中间相交的区域生成一个新图形，如图 7-77 所示。填充适当的颜色，可设计成口袋或者其他装饰图形，如图 7-78 所示。

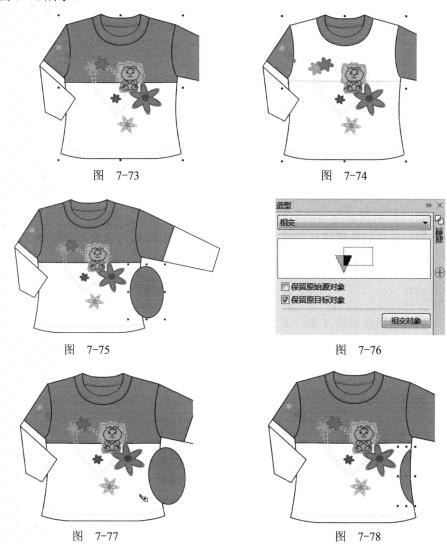

图　7-73　　　　　　　　　　　　　　　图　7-74

图　7-75　　　　　　　　　　　　　　　图　7-76

图　7-77　　　　　　　　　　　　　　　图　7-78

## ■实战强化

1）熟悉 CorelDRAW X7 服饰配件设计的绘图环境与一般步骤。

2）绘制纽扣并进行设计变化。

3）绘制拉链并进行设计变化。

4）绘制镶钻腰带并进行设计变化。

5）绘制其他服饰配件图例。

6）了解知识拓展内容。

# 项目 8 男 T 恤印花设计

1) 熟练掌握"对象"菜单中"对齐"和"分布"命令的使用方法。

2) 熟练掌握"交互式调和工具"的使用方法。

## 项目情境

印花设计给服装增添了个性化的色彩，无论是传统的丝网印花技术还是最新的数字印花技术都是设计师必须掌握与熟知的。大多数设计师自己设计图案，复杂的图案需要数位板或者专业的软件，如金昌印花分色系统等，也可以通过购买大型的矢量图库（配书的）来获取素材。男 T 恤印花设计是在 CorelDRAW X7 中通过绘制矢量图来完成的。

## 项目分析

以矩形为基本形绘制男 T 恤印花设计的基本形，在横向和纵向有规律地复制和缩放基本形，结合协调的色彩填充，完成四方连续形式的男 T 恤印花设计。男扁机领 T 恤印花设计的绘图环境为 CorelDRAW X7 中文版默认环境。

## 项目实施

### 1. 印花基本形的绘制

1) 绘制一个宽 11.5cm× 高 13.5cm 的矩形，转换为曲线，如图 8-1 所示。利用"形状工具"框选矩形，右键单击，在弹出的快捷菜单中选择"添加"→"到曲线"命令，在矩形上增加四个弧线点，如图 8-2 和图 8-3 所示。进行变形，如图 8-4 所示，复制并缩小基本形至宽 7.5cm× 高 9cm，修剪成印花基本形，如图 8-5 所示。填充（C5，M7，Y13，K2）颜色，如图 8-6 所示。

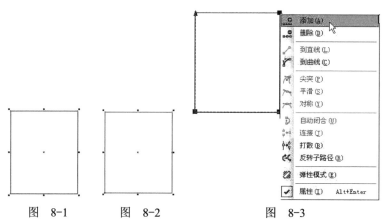

图 8-1          图 8-2          图 8-3

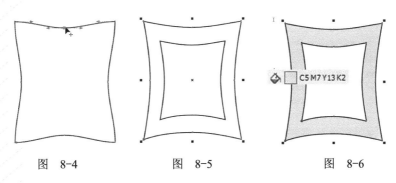

图 8-4          图 8-5          图 8-6

2）复制印花基本形，缩小为宽 1cm× 高 13.5cm 的矩形，如图 8-7 所示，并水平移动至右侧合适的位置。选择工具箱中的"交互式调和工具" （快捷键 <W>），单击印花基本形，拖动成缩小的印花基本形，复制后松开鼠标得到调和的一组图形，如图 8-8 所示。

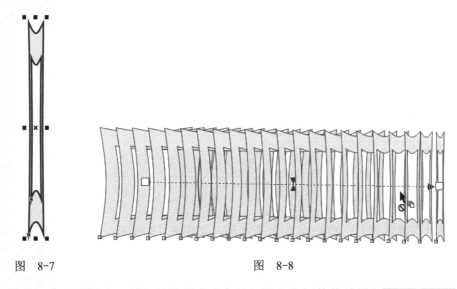

图 8-7                    图 8-8

3）调整"交互式调和工具"属性栏中"步长和调和之间的偏移量" 的数值，得到图形效果，如图 8-9 所示。

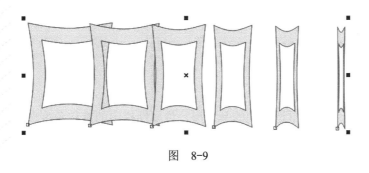

图 8-9

4）单击右键执行"拆分调和群组"命令，如图 8-10 所示。利用"挑选工具"将 6 个图形对象对齐，改变对象在第 2、4、6 位置的基本形的填充色为  C17 M19 Y28 K3 ，去除轮廓，效果如图 8-11 所示。

图 8-10 · 图 8-11

5）对整组基本形执行"复制"→"镜像"命令，完成印花基本形的绘制，效果如图 8-12 所示。

图 8-12

### 2．印花基本单位绘制

1）利用"挑选工具"框选前 5 个基本形，如图 8-13 所示，复制并移动至上方，如图 8-14 所示。

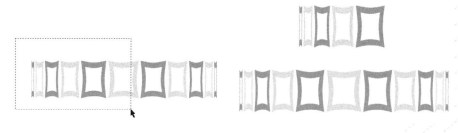

图 8-13 · 图 8-14

2）利用"挑选工具"框选复制的基本形，将属性栏中的旋转角度参数设为 ↺ 90.0 °，宽度设置为与横排中间的基本形宽度相等 ↔ 11.5 cm ‖ 100.0 % 🔒，如图 8-15 所示。再复制两组竖排基本形，如图 8-16 所示。

3）复制最小的印花基本形，将其大小设置为宽 11.5cm× 高 0.75cm，放在左上角，并利用"挑选工具"分别框选横排 3 个基本形，然后单击属性栏中的"对齐和分布" ⊟ 按钮，勾选"水平居中"复选框，单击"应用"按钮，如图 8-17 所示，得到的图形效果如图 8-18 所示。

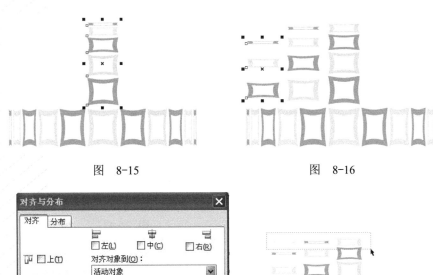

图　8-15　　　　　　　　　　　　图　8-16

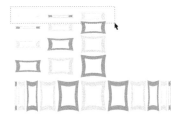

图　8-17　　　　　　　　　　　　图　8-18

4）复制并垂直镜像第一、二列基本形放在右侧，效果如图 8-19 所示。复制第一至第四排基本形，水平镜像。利用"挑选工具"选择全部基本形，单击属性栏✱组合对象，完成印花基本单位的绘制，如图 8-20 所示。

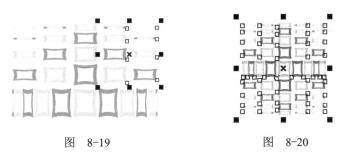

图　8-19　　　　　　　　　　　　图　8-20

### 3．四方连续印花绘制

1）利用"挑选工具"选择印花基本单位，如图 8-21 所示，属性栏显示大小为宽137.167mm×143.647mm。执行"对象"→"变换"命令，在"变换"泊坞窗中选中"位置"选项卡，将水平设为"139.167mm"，垂直设为"0mm"，"副本"数量设为"1"，单击"应用"按钮保存设置，如图 8-22 所示。

2）重复以上操作，单击"应用"按钮 6 次，或设置"副本"数量为"6"，得到二方连续印花图形，如图 8-23 所示。

3）选择二方连续印花图形，执行"对象"→"变换"命令，在"变换"泊坞窗中勾选"相对位置"进行设置，水平设为"0mm"，垂直设为"145.467mm"，"副本"数量设为"1"，单击"应用"按钮保存设置，需要几个副本数量就单击几次，如图 8-24 所示。得到印花四方连续图形，效果如图 8-25 所示。

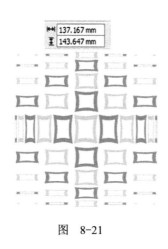

图 8-21

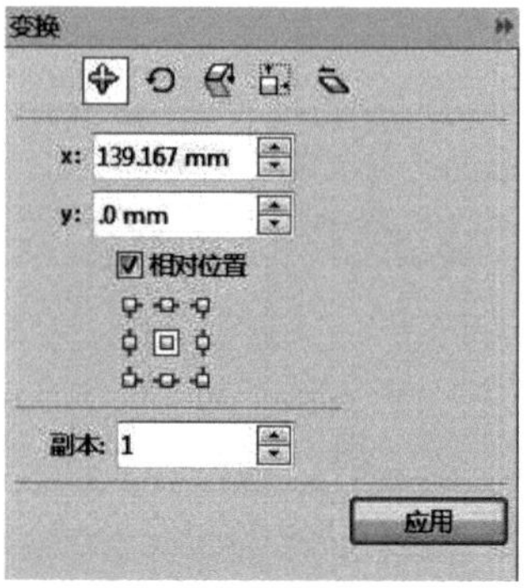

图 8-22

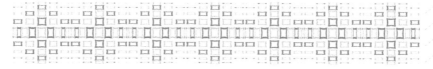

图 8-23

图 8-24

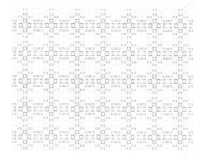

图 8-25

### 4. 填充图案

打开 T 恤衫文件，将设计好的印花图案利用图框精确裁剪并填充到 T 恤上，如图 8-26 所示。可以设计不同色彩的搭配，如图 8-27 所示。

图 8-26

图 8-27

## ■触类旁通

其他印花设计如图 8-28 所示，填充效果如图 8-29 所示。有兴趣的读者可以按照这些印花样式进行设计变化。

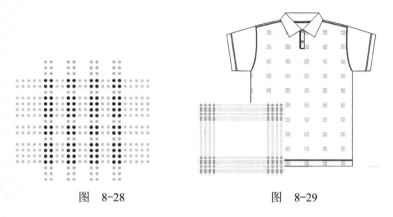

图 8-28          图 8-29

## ■知识拓展

对象的对齐和分布通过执行"对象"→"对齐和分布"→"对齐与分布"命令来实现，如图 8-30 所示。打开"对齐与分布"对话框，如图 8-31 所示。在该对话框中可通过勾选相应的复选框来设置所选择图形之间的对齐方式和分布方式也可以同时勾选多个复选框来设置，这样得到的图像效果与位置更加精确。

图 8-30          图 8-31

1）打开三朵花图形文件，可以看到三朵花不在一条水平线上，如图 8-32 所示，可以通过设置对齐方式来编辑图形。打开"对齐与分布"对话框，勾选"左"复选框，再单击"应用"按钮，将三个图形设置为左对齐，效果如图 8-33 所示。

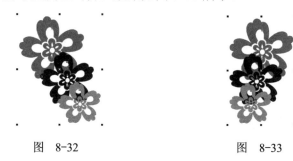

图  8-32                                   图  8-33

2）撤销上一步操作，执行"对象"→"对齐和分布"→"顶端对齐"命令，将选择的三个图形的顶端对齐，效果如图 8-34 所示。再执行"对象"→"对齐和分布"→"底端对齐"命令，将所选择图形的底端对齐，效果如图 8-35 所示。

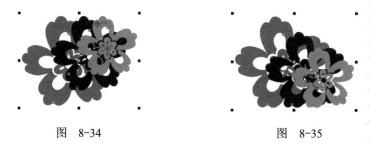

图  8-34                                   图  8-35

3）还可以设置图形与页面之间的对齐和分布方式。选择要编辑的图形，执行"对象"→"对齐和分布"→"在页面中居中"命令，将三个图形都移动到页面的中间位置，且它们的中心点重叠，如图 8-36 所示。另外还可以设置与页面的其他关系，如图 8-37 所示的图形为"在页面垂直居中"的对齐方式。如图 8-38 所示的图形为"在页面水平居中"的对齐方式。

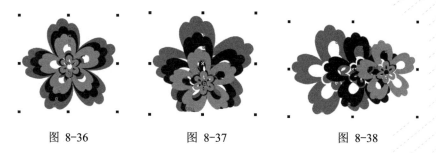

图 8-36              图 8-37              图 8-38

## ■实战强化

1）熟悉 CorelDRAW X7 男 T 恤印花设计的绘图环境与一般步骤。

2）绘制男 T 恤印花设计图并进行设计变化。

3）绘制其他印花设计图例。

4）了解知识拓展内容。

# 项目 9　时　装　画

**职业能力目标**

1）熟练掌握网格的设置方法。

2）掌握"图纸工具"的使用方法。

## 项目情境

画好人体的动态是画好时装画最根本的要求。修长的、优美的人体能充分发挥时装的魅力，体现出时装画的艺术特色。好的时装画能充分表达设计师的设计意图和构思，能准确表达出服装各部位的比例结构。画时装画在 CorelDRAW X7 中相对难度较大，但同时也能充分体现出服装设计师的精湛技艺与高超水平。

## 项目分析

绘制时装画人体的方法有两种，一是以矩形为基本形绘制时装画人体。利用"形状工具"调整时装画人体外轮廓，使其具有曲线美，这要求设计师对人体结构比例有一定的认识；二是导入时装人体图片，利用"贝塞尔工具"将人体和时装勾勒下来，再进行款式修改及填色。第二种方法相对来说较为简单。

## 项目实施

### 1. 时装画的绘图环境

设置图纸大小为 A4，方向为纵向，单位为 mm，比例为 1:1。双击水平标尺打开"选项"对话框，在"文档网络"选项区，设置每毫米的网格线数，"水平"为 25，"垂直"为 25，其他参数设置如图 9-1 所示，得到网格如图 9-2 所示。

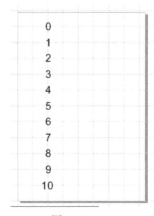

图　9-1　　　　　　　　　　　　　　　　图　9-2

**2．时装画的一般步骤**

（1）绘制人体比例辅助线与人体基本形

双击水平标尺，选择"选项"→"辅助线"命令，将"垂直"设置为-25、0、25，如图9-3所示，执行"视图"→"对齐辅助线"命令。选择"轮廓笔工具"，在弹出的对话框中单击"确定"按钮，在弹出的对话框中设置轮廓宽度为3mm ![3.0 mm]，利用"矩形工具"、"椭圆形工具"、"贝塞尔工具"等绘制人体基本几何形，填充肤色，如图9-4所示。

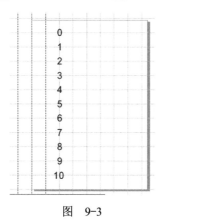
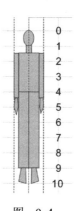

图　9-3　　　　　　　　　　　　　图　9-4

（2）修改人体基本形

利用"形状工具"选中人体基本形中的矩形，单击属性栏中的"转换为曲线"按钮，移动节点调整曲线，使各部分的形状更接近人体肌肉的起伏变化形态，在需要变化为曲线的部位单击，执行属性栏中的"转换直线为曲线"命令，如图9-5所示。选择"排列"→"造形"→"焊接"命令，将颈部与躯干焊接在一起，如图9-6所示。

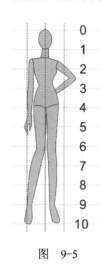

图　9-5　　　　　　　　　　　　　图　9-6

（3）绘制人体动态的变化

在CorelDRAW中建立人体，可以将人体理解为几个独立部分的组合，进行复制、镜像等操作。人体上的各关节部位可以通过"刻刀工具"分割，然后进行移动、旋转操作，利用"形状工具"调整形态以改变人体的动态，如图9-7所示。

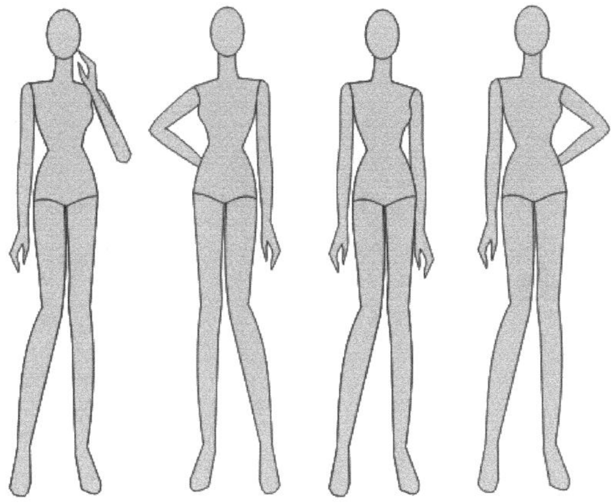

图 9-7

选择要进行变化的对象，选择“裁剪工具”，单击“刻刀工具”按钮，在变化的关节部位拖动鼠标，如图 9-8 所示。利用“选择工具”双击变化的手臂，移动中心点位置进行旋转，如图 9-9 所示。

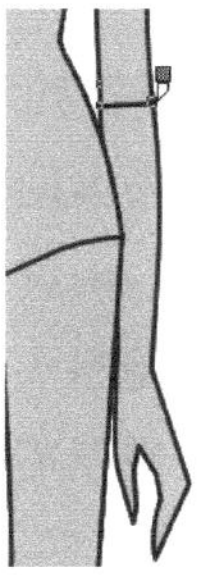

图 9-8

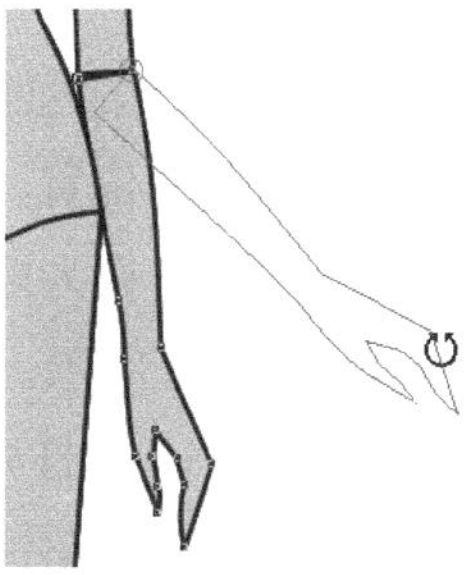

图 9-9

利用“形状工具”对手臂进行修改，如图 9-10 所示。焊接上下臂，并利用“形状工具”选择节点进行动态调整，如图 9-11 所示。整体效果如图 9-12 所示，用同样的方法可以进行腿部等其他部位的变化调整。

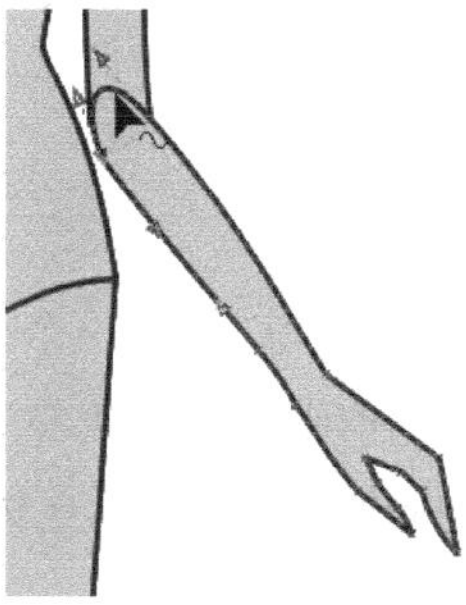

图 9-10

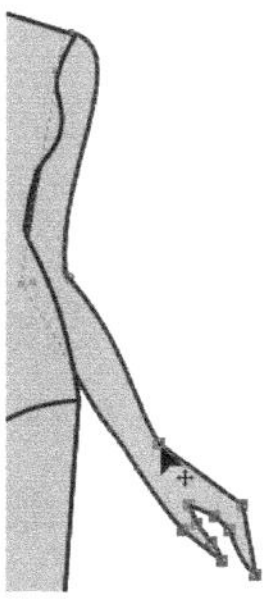

图 9-11

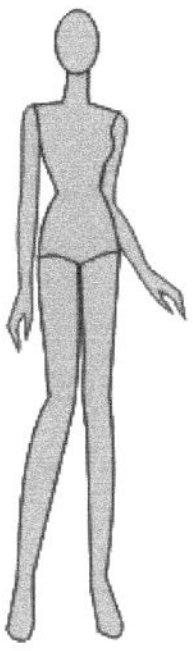

图 9-12

（4）参照图片完成人体动态

导入时装画人体图片，利用“形状工具”对人体曲线进行修改和调整，使其更生动与优美。利用"贝塞尔工具" 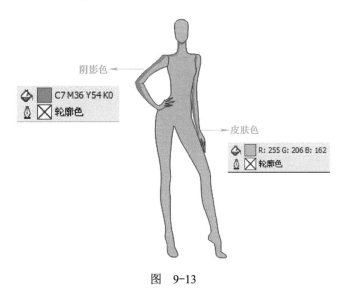根据时装款式适当添加阴影，如图 9-13 所示。

图　9-13

（5）五官的绘制

1）五官位置。"三停五眼"即当正面平视时，左右耳际和鼻宽约各为一个眼宽，加上自身的两眼即为面部的横向"五眼"位置，发际、鼻底、下巴各为纵向的"三停"位置。利用"挑选工具"选中头部椭圆图形转换为曲线。利用"图纸工具" 设置图纸的行数和列数，在头部绘制网格，如图 9-14 所示。利用"形状工具" 调整头部曲线，使其形状更接近鹅蛋脸形。单击"轮廓笔"按钮 打开"轮廓笔"对话框，根据需要进行参数设置。利用"贝塞尔工具"绘制五官，如图 9-15 所示。

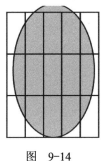　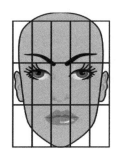

图　9-14　　　　　　　图　9-15

2）眼球的绘制。利用"贝塞尔工具" 绘制椭圆形状，并多复制一个。利用"交互式填充工具" ，在属性栏中设置参数，如图 9-16 所示。利用"编辑填充工具" 填充白到浅蓝的渐变色，并用"形状工具"删除部分轮廓，使眼球看起来更立体，如图 9-17 所示。

3）眼睛阴影的绘制。利用"贝塞尔工具"沿上眼线绘制灰色形状，放在上眼线之下、眼球之上的位置，单击"编辑透明度"按钮 ，设置渐变透明度，如图 9-18 所示。在灰色形状上拖动鼠标，得到眼睛阴影效果，如图 9-19 所示。

4）眼睫毛的绘制。利用"贝塞尔工具"根据眼睫毛的生长规律与方向绘制数条眼睫毛，如图 9-20 所示。复制眼线并调整位置使眼线具有化妆效果，如图 9-21 所示。

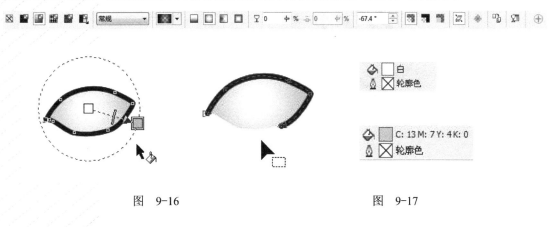

图　9-16　　　　　　　　　　　　　　　图　9-17

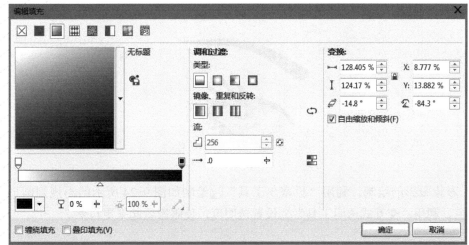

图　9-18

图　9-19　　　　　　　　　　图　9-20　　　　　　　　　　图　9-21

5）瞳孔和高光的绘制。利用"椭圆形工具"绘制一大一小两个同心的椭圆形组合成瞳孔，分别填充宝石红到 20% 黑的射线渐变色、黑色到白色的射线渐变色，在高光处绘制两个小白点，如图 9-22 所示。

6）眉毛的绘制。在"艺术笔工具" 中选择"预设艺术笔"绘制柳叶眉。用"挑选工具"选中眉毛，执行"排列"→"拆分曲线于图层"命令，选择曲线，然后删除曲线。利用"形状工具"可以对眉毛进行修改与调整，如图 9-23 所示。

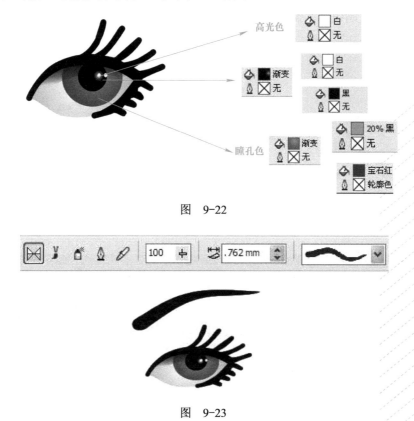

图　9-22

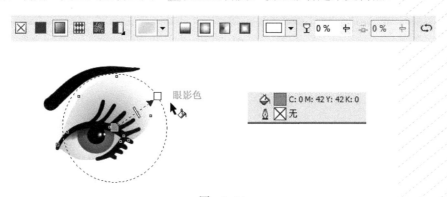

图　9-23

7）彩妆眼影的绘制。利用"贝塞尔工具" ![icon]绘制如图 9-24 所示的不规则圆形状，填充眼影色。利用"交互式透明工具" ![icon]设置透明度，使眼影看起来更自然。

![眼影绘制图]

图　9-24

8）鼻子的绘制。利用"贝塞尔工具" ![icon]绘制鼻子、鼻梁、鼻孔，其形状和填充颜色如图 9-25 所示。利用"挑选工具"选择鼻梁，利用"交互式透明工具" ![icon]设置透明度，如图 9-25 所示，使鼻梁看起来更自然。

9）嘴唇的绘制。利用"贝塞尔工具"分别绘制嘴唇、阴影、亮部、高光（复制亮部并缩小），利用"填充工具"设置填充的颜色，填充效果如图 9-26 所示。

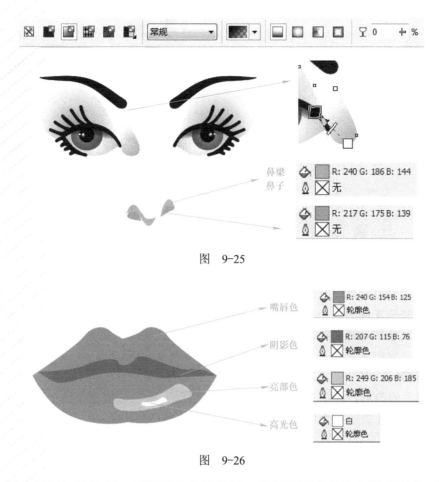

图　9-25

鼻梁　R: 240 G: 186 B: 144　无
鼻子　R: 217 G: 175 B: 139　无

嘴唇色　R: 240 G: 154 B: 125　轮廓色
阴影色　R: 207 G: 115 B: 76　轮廓色
亮部色　R: 249 G: 206 B: 185　轮廓色
高光色　白　轮廓色

图　9-26

10）耳朵和腮红的绘制。同眼影的方法相似，绘制椭圆形并填充透明渐变，运用图框精确裁剪内部，将腮红放在脸部的合适位置。利用"贝塞尔工具"绘制耳朵，颜色和鼻孔相同。如图 9-27 和图 9-28 所示。

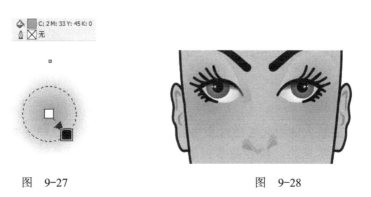

C: 2 M: 33 Y: 45 K: 0　无

图　9-27　　　　　　　　　　　　图　9-28

（6）发型的绘制

利用"贝塞尔工具"绘制发型基本形，填充棕色、褐色，并在基本形中勾画柳叶形高光，填充渐变色，如图 9-29 所示。根据头发的梳理方向勾几处发丝，同时按 <Shift> 键单击"挑选工具"，群选需填色的发缕，选择满意的颜色填充，如图 9-30 所示。

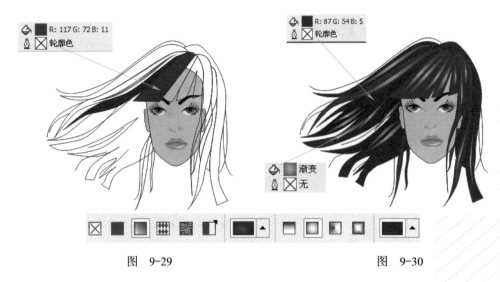

图 9-29　　　　　　　　　　　　　　　　图 9-30

✂ 提示　　头发的勾勒要进行大量练习，按照头发生长的方向和规律概括成几缕头发，将每一缕头发绘制成一个独立的封闭图形，填充至少两个深浅不同层次的颜色，并加上几条飘动的发丝，发型才会显得自然灵动。柳叶形高光可结合复制、位置、旋转、大小等变换及"形状工具"完成，如图 9-30 所示。

（7）手和脚

1）选中手的图形，如图 9-31 所示。利用"形状工具" ⬚ 根据手的形态进行调整，如图 9-32 所示。使用"贝塞尔工具" ⬚ 绘制手指，如图 9-33 所示。

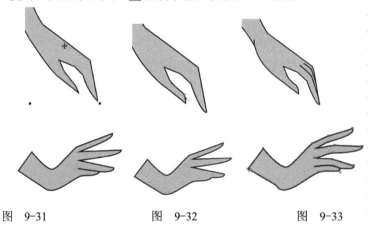

图　9-31　　　　　　　图　9-32　　　　　　　图　9-33

2）手和脚在服装人体中起着陪衬和协调的作用。手和脚的处理既要简洁又要有美感，应当选择一些比较常见的、较容易掌握的角度来表现。脚上往往穿有鞋子，因此只要勾勒简单的轮廓即可，如图 9-34 所示。

（8）人体着装的绘制与变化

在 CorelDRAW 里，人体着装的过程一般是根据服装的款式来确定的。步骤一般是：选择满意的人体姿态→勾画衣服外轮廓→填色→加明暗→勾画衣纹→配饰。

图　9-34

1）打开一个人体姿态，根据无领上衣的款式需求，利用"贝塞尔工具" 绘制锁骨基本形，填充皮肤阴影色，利用"交互式透明工具" 设置透明度，如图9-35所示。使其看起来更自然，整体效果如图9-36所示。

✂ 提示　注意服装轮廓与人体的松紧间隙关系。

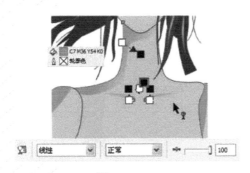

图　9-35　　　　　　　　　　　　　图　9-36

2）选择"贝塞尔工具" 分别绘制上衣、裤子的外轮廓，利用"挑选工具"选中上衣、裤子部分，分别填充合适的颜色，如图9-37和图9-38所示。

3）利用"贝塞尔工具" 绘制靴子的外轮廓，利用"挑选工具"选中靴子，填充合适的颜色，如图9-39所示。利用"贝塞尔工具"绘制靴子的阴影轮廓，清除轮廓线，填充阴影色为10%黑，如图9-40所示。

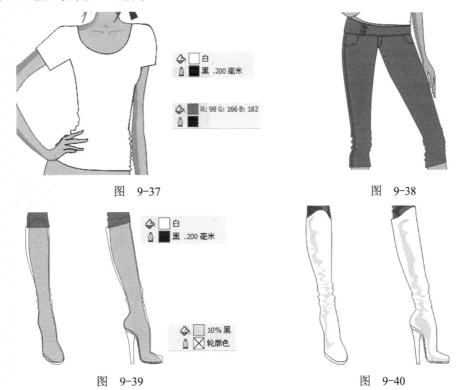

图　9-37　　　　　　　　　　　　　图　9-38

图　9-39　　　　　　　　　　　　　图　9-40

4）利用"贝塞尔工具" 分别绘制上衣、裤子的阴影轮廓，清除轮廓线，填充上衣和裤子的低透明度同类色，白色上衣阴影色为 10% 黑。为了让阴影更逼真，利用"交互式透明工具"将上衣与裤子的阴影调整成透明的效果，使阴影与衣服有自然的过渡，如图 9-41 和图 9-42 所示。

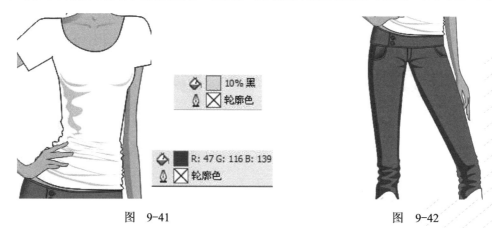

图　9-41　　　　　　　　　　　　　　　　　图　9-42

5）填充印花。

① 导入印花图案，如图 9-43 所示。

② 在印花图案上单击鼠标右键，在弹出的快捷菜单中选择"取消组合所有对象"命令，如图 9-44 所示。

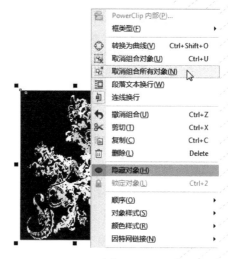

图　9-43　　　　　　　　　　　　　　　　图　9-44

③ 删除黑色底色，选择印花，如图 9-45 所示，单击鼠标右键拖动印花到要填充的部位，如图 9-46 所示。在弹出的快捷菜单中选择"图框精确裁剪"→"内部"命令完成印花的填充。

6）在填充印花的部位，对阴影进行透明度的处理。选择阴影，利用"透明度工具"，设置透明度，如图 9-47 所示。

（9）完成时装画并保存文件

完成时装画并保存文件，如图 9-48 所示。还可以根据需要进行不同色调的搭配，如图 9-49 所示。

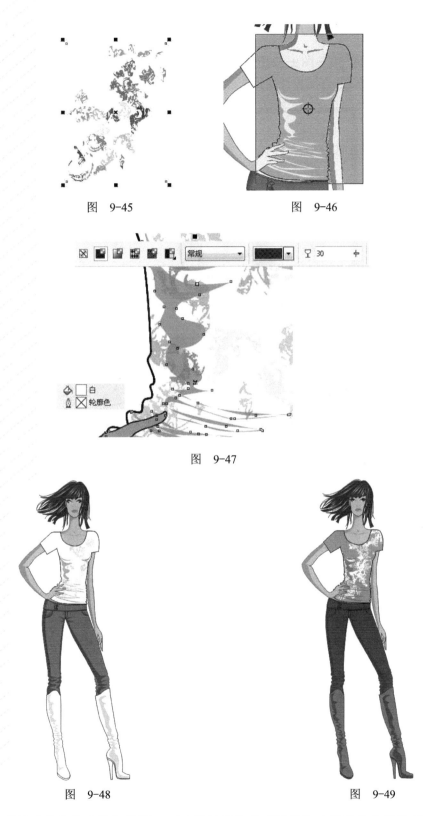

图 9-45       图 9-46

图 9-47

图 9-48       图 9-49

✂ 提示   通过对优秀作品进行临摹，可以学习到许多不同风格时装画的表现技巧。

## ■触类旁通

其他时装画如图9-50～图9-52所示，都是在CorelDRAW X7中设计绘制的时装画作品，有兴趣的读者可以按这些方法设计变化。

图 9-50

图 9-51

图 9-52

## 知识拓展

#### 1．基本形状的绘制

基本形状主要通过使用形状工具组绘制完成，如图 9-53 所示。其中"基本形状工具"主要用于绘制常见的特殊图形，"箭头形状工具"主要用于绘制各种样式的箭头图形，"流程图形状工具"主要用于绘制流程形状图形，"标题形状工具"主要用于为图形中的标题添加特定形状的底色。

（1）"基本形状工具"

"基本形状工具"包含多种常见图形，直接单击相应的图形按钮就可以在绘图区域绘制梯形、心形、圆弧等图形，单击属性栏中的"完美形状"按钮，在弹出的图形框中选择合适的图形，如图 9-54 所示。然后在绘图区域合适的位置上单击并拖动鼠标绘制出图形，如图 9-55 所示。

图　9-53　　　　　　图　9-54　　　　　　图　9-55

（2）"箭头形状工具"

"箭头形状工具"包括了各种箭头图形，在"完美形状"中可以直接选择其提供的箭头图形来绘制，还可以对绘制的箭头图形填充颜色，也可以重新设置和编辑箭头图形边缘的轮廓。单击属性栏中的"完美形状"按钮，在弹出的图形框中选择合适的箭头图形，如图 9-56 所示。然后在绘图区域合适的位置单击并拖动鼠标，绘制出箭头图形，如图 9-57 所示。

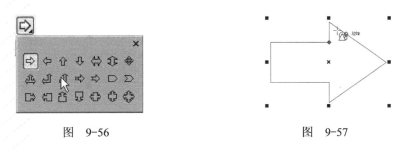

图　9-56　　　　　　　　　　图　9-57

（3）"流程图形状工具"

"流程图形状工具"主要提供制作流程效果中用到的相关图形，单击工具箱中的"流程图形状"按钮，然后单击属性栏中的"完美形状"按钮，在弹出的图形框中选择合适的图形，如图 9-58 所示。在绘图区域合适的位置上单击并拖动鼠标绘制出图形，如图 9-59 所示。

（4）"标题形状工具"

"标题形状工具"的作用是为标题制作出一定形状的底色，通过颜色和形状的变化来突出表现重点对象，单击工具箱中的"标题形状"按钮，然后单击属性栏中的"完美形状"按钮，在弹出的图形框中选择合适的图形，如图 9-60 所示。然后在绘图区域合适的位置上单击并拖动鼠标绘制出图形，如图 9-61 所示。

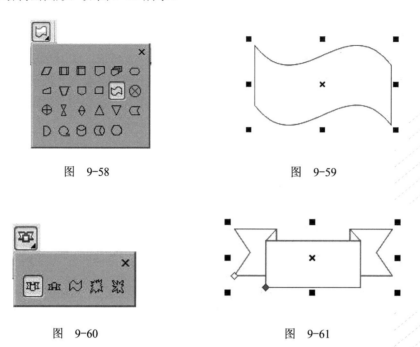

图　9-58　　　　　　　　　　　　图　9-59

图　9-60　　　　　　　　　　　　图　9-61

（5）"标注形状工具"

"标注形状工具"主要是在添加说明文字时起指示和引导作用，通过设置标注形状突出要说明的主题对象，对于已经绘制的标注形状图形，还可以对该图形进行填充、设置图形轮廓等操作，如图 9-62 和图 9-63 所示。

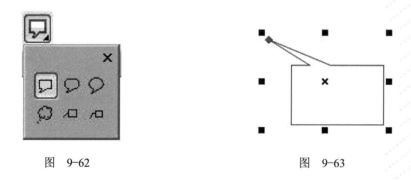

图　9-62　　　　　　　　　　　　图　9-63

## 2．多边形、螺旋曲线和图纸的绘制

应用"多边形工具"绘制的图形都为规则多边形，也可以通过"形状工具"对多边形进行编辑，将其变换为不规则图形，"多边形绘制工具"包括多边形、星形、复杂星形、图纸、螺纹，如图 9-64 所示。

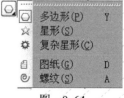

图　9-64

（1）"多边形工具"

利用"多边形工具"在图中绘制默认的五边形，如图 9-65 所示，结合 <Ctrl> 键可以绘制正五边形，如图 9-66 所示，可以利用"形状工具"选择节点拖动，改变其形状，如

图 9-67 所示。还可以单击属性栏中的"转换为曲线"按钮 ⚙，利用"形状工具"对其进行编辑，如图 9-68 所示。

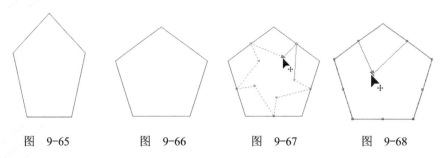

| 图　9-65 | 图　9-66 | 图　9-67 | 图　9-68 |

（2）"星形工具"

"星形工具"主要用于绘制星形图形。图形由多个边组成，通过设置可以变换绘制图形的边数，星角的锐度也可以设置，即设置角的平滑程度，数值越大角越尖锐。

（3）"复杂星形工具"

"复杂星形工具"用于绘制特殊的星形图形，所绘制的图形中间会留出空白区域，可以通过应用"形状工具"移动和变换星形，形成另外一种特殊效果的星形，其边框和颜色等属性也可以重复更改。

（4）"螺纹工具"

"螺纹工具"主要用于绘制旋转的线条图形，形成漩涡效果。选择工具箱中的"螺纹工具" ◎，在属性栏中可以设置螺纹的相关参数，主要包括螺纹类型、螺纹回圈和螺纹扩展等。

（5）"图纸工具"

"图纸工具"的作用是绘制表格图形。所绘制出来的表格和用"表格工具"绘制的表格有所不同，在应用"图纸工具"绘制的表格中，图形可以通过执行解组命令选取单元格，并能对单元格进行移动、填充等操作，而应用"表格工具"绘制的表格在解组后只能单独选取最外面的矩形和在中间绘制的单个线条，而不能独立选择某个单元格。

## 🔲实战强化

1）熟悉 CorelDRAW X7 时装画人体的绘图环境与一般步骤。

2）绘制人体并进行姿态变化。

3）绘制五官、发型、手和脚。

4）绘制人体着装并进行设计变化。

5）绘制其他时装画图例。

6）了解知识拓展内容。

# 项目 10 直裙样板

1）熟练利用"形状工具"打散矩形的节点。

2）熟练利用"对象"→"变换"→"位置"进行样板绘制。

3）利用工具箱中的"多边形工具"→"图纸工具"进行等分处理。

4）利用"对象管理器"将图形分别放在轮廓线或辅助线等图层中。

## 任务 1　直裙原型样板

### ■ 任务情境

直裙原型样板如图 10-1 所示，这是最简单的样板之一，是设计和变化其他裙类样板的基础。

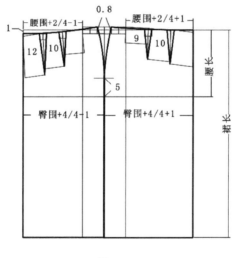

图　10-1

### ■ 任务分析

以矩形为基本形绘制直裙原型样板。设置图纸大小为宽 70cm× 高 70cm，方向为纵向，单位为 cm，比例为 1:1，其他详见项目 1 中直裙款式设计的绘图环境。

直裙原型样板 168/68 号型规格见表 10-1。

表　10-1

| 部位 | 裙长（L）/cm | 腰围（W）/cm | 臀围（H）/cm | 腰长（WL）/cm |
|---|---|---|---|---|
| 规格 | 56 | 68 | 90 | 18 |

## ■任务实施

### 1．设置辅助线层和轮廓线层

执行"泊坞窗"→"对象管理器"命令，打开"对象管理器"，在"图层 1"上单击鼠标右键，在其下拉菜单中选择"重命名"，如图 10-2 所示。输入"辅助线"的文字作为该层的新名，如图 10-3 所示。单击"对象管理器"中的"新建图层"按钮，如图 10-4 所示，将其命名为"轮廓线"，如图 10-5 所示。

图　10-2　　　　　　　图　10-3　　　　　　　图　10-4　　　　　　　图　10-5

### 2．设置辅助线轮廓笔

选择工具箱中的"轮廓笔工具"，弹出如图 10-6 所示的对话框。单击"确定"按钮，在随后弹出的"轮廓笔"对话框中，设置"颜色"为"红色"，"宽度"为"细线"，如图 10-7 所示。

图　10-6

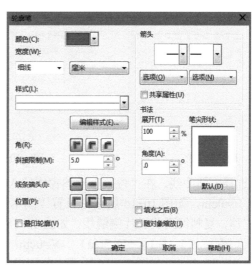

图　10-7

113

### 3．建立定位辅助线

1）单击"对象管理器"泊坞窗中的"辅助线"层，使其成为当前层，如图 10-8 所示。再利用工具箱中的"矩形工具" ▣ 绘制一个宽 =（臀围 +4）/2（47cm）、高 = 裙长（56cm）的矩形，如图 10-9 所示。单击其属性栏中的"转换为曲线工具"按钮 ⊙，"对象管理器"中显示为"曲线"，如图 10-10 所示。

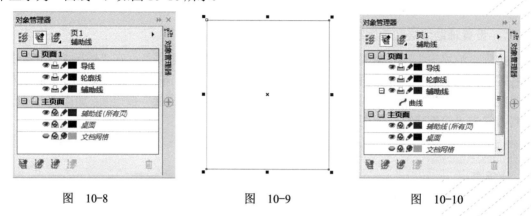

图 10-8　　　　　　　图 10-9　　　　　　　图 10-10

2）单击工具箱中的"形状工具" ⬚，分别单击其属性栏中的 ⬚ 图标选择全部节点和 ⬚ 分割曲线图标，然后执行命令"对象"→"打散"命令，将矩形的 4 条边拆分为 4 条独立的线段，分别作为裙子的上平线、下平线和左后中线、右前中线的辅助线，如图 10-11 所示。使用工具箱中的"挑选工具"选中上平线，执行"对象"→"变换"命令，进行位置变换，在弹出的对话框中输入 x=0、y= 腰长（−18.0mm），设置"副本"数量为"1"，单击"应用"按钮，如图 10-12 所示，使上平线复制臀围线，如图 10-13 所示。

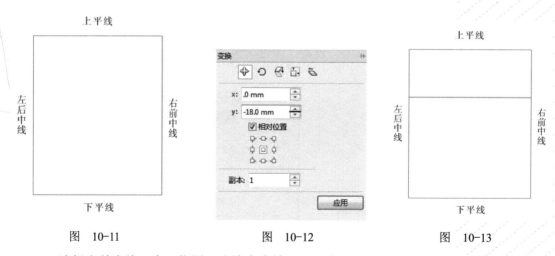

图 10-11　　　　　　　图 10-12　　　　　　　图 10-13

3）选择右前中线，在"位置"泊坞窗中输入 H（水平）=（臀围 +4）/4+1（−24.5cm）、V（垂直）=0cm，如图 10-14 所示，设置"副本"数量为"1"，单击"应用"按钮，使右前中线左移，复制得到前后片侧缝线，如图 10-15 所示。继续用上述方法，使右前中线移动，设置 H=（腰围 +2）/4+1（−18.5cm）、V=0cm；左后中线移动，设置 H=（腰围 −2）/4−1（16.5cm）、V=0cm，如图 10-16 所示，分别得到前腰宽和后腰宽；最后再分别移动复制，得到如图 10-17 所示的（后腰中线的下落线）1cm 线段和（侧缝直线偏出点）5cm 线段。

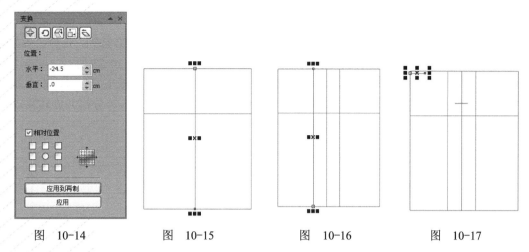

图　10-14　　　　图　10-15　　　　图　10-16　　　　图　10-17

4）选择工具箱中的"轮廓笔工具"🖊。在弹出的对话框中，单击"确定"按钮，在弹出的"轮廓笔"对话框中设置颜色为"蓝色"，宽度为"发丝"。单击工具箱中的"多边形工具"按钮，弹出工具菜单，选择"图纸工具"🗐，设置属性栏中"图纸的行数和列数"🔢，分别将前后腰臀差三等分，如图 10-18 所示。选中两个等分格，执行"对象"→"变换"→"位置"命令，设置 H=0cm、V=0.8cm（起翘量），单击"应用"按钮，如图 10-19 所示，使等分格向上移动。

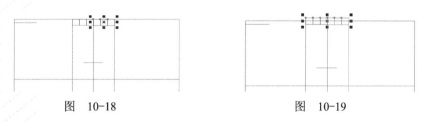

图　10-18　　　　　　　　　图　10-19

### 4.绘制轮廓线

选择工具箱中的"轮廓笔工具"🖊。在弹出的对话框中，单击"确定"按钮，在弹出的"轮廓笔"对话框中设置颜色为"黑色"，宽度为"3.0mm"，如图 10-20 所示。单击对象管理器中的"轮廓线"层，使其成为当前层，如图 10-21 所示。使用工具箱中的"贝塞尔工具"🖊，在各处定位辅助线的帮助下绘制出裙子的基本形状，再分别利用"形状工具"和其属性栏中的"转换直线为曲线工具"，将腰口线、侧缝线的轮廓线调整到圆顺和平直，如图 10-22 所示。

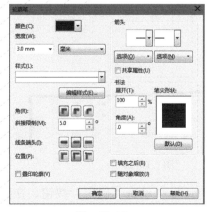

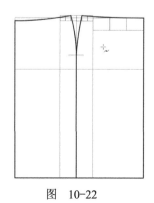

图　10-20　　　　　　　　图　10-21　　　　　　　图　10-22

**5．省道的绘制**

1）选择工具箱中的"轮廓笔工具" ，在弹出的对话框中单击"确定"按钮，在弹出的"轮廓笔"对话框中，设置"颜色"为"蓝色"，"宽度"为"发丝"，如图 10-23 所示。单击"对象管理器"中的"辅助线"层，使其成为当前层。使用工具箱中的"图纸工具" ，设置属性栏中图纸的行数和列数 ，将前腰宽 3 等分，使用"挑选工具"双击等分格并旋转移动，使其上沿与前腰围线对齐，如图 10-24 所示。

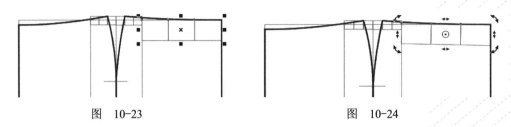

图　10-23　　　　　　　　　　　　　图　10-24

2）执行"对象"→"取消组合"命令，将等分格拆分，选中右边第一个格子，执行"对象"→"变换"→"大小"命令，如图 10-25 所示。调整 y=10cm（腰省长度），宽度 x 不变，单击"应用"按钮完成设置，如图 10-26 所示。

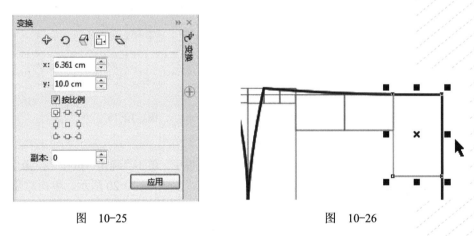

图　10-25　　　　　　　　　　　　　图　10-26

3）选择"图纸工具" ，设置属性栏中图纸的行数和列数 ，分别将 1/3 腰臀差处二等分作为腰省大，如图 10-27 所示。选择等分格移动到腰省位置，即为腰省大的位置，如图 10-28 所示。

图　10-27　　　　　　　　　　　　　图　10-28

4）选择工具箱中的"轮廓笔工具" ，在弹出的对话框中单击"确定"按钮，在弹出的"轮廓笔"对话框中，设置"颜色"为"黑色"，宽度为"3.0mm"。单击"对象管理器"中的"轮廓线"，使其成为当前层。使用工具箱中的"贝塞尔工具"连接腰省，如图 10-29 所示，用上述方法绘制其他腰省，如图 10-30 所示。

图　10-29　　　　　　　　　　　　　　　　图　10-30

### 6. 完成制图

单击"对象管理器"中的"辅助线"层，利用"挑选工具"选择辅助线层中除了臀围线以外的所有红色和蓝色辅助线，按 <Delete> 键删除，如图 10-31 所示，出现一张干净整洁的直裙原型轮廓，如图 10-32 所示。保存文件，完成制图任务。

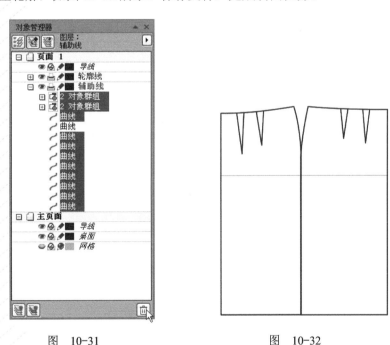

图　10-31　　　　　　　　　　　　　　　　图　10-32

## 任务 2　直裙原型的毛缝样板

### 任务情境

直裙的放缝一般在底摆折边处多放一些，根据面料厚薄放 2 ～ 4cm，其余各边放 1cm，如果是装拉链的位置则需放 2cm。通过放缝由直裙原型净样制作直裙原型的毛样，如图 10-33 所示。

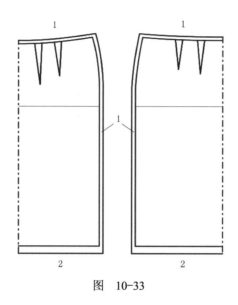

图　10-33

## 任务分析

　　CorelDRAW X7 不是专业的服装 CAD 软件，因此在放缝时存在一定的局限性，不能通过输入数据自动放缝，但如果能熟练掌握也能运用自如。利用对样板的复制、粘贴并执行"对象"→"变换"→"大小"命令，在原有的净缝样板上放大来形成毛缝样板，并注意对象层次，净缝样板在上，毛缝样板在下。

## 任务实施

### 1. 制作直裙原型的毛缝样板的准备

　　1）选择后裙片，结合 <Ctrl> 键平行移动到合适的位置，并将前后裙片分开，如图 10-34 所示。

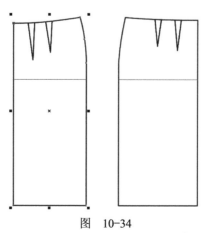

图　10-34

2）分别选择前、后裙片执行"编辑"→"复制"，"编辑"→"粘贴"命令，复制的前、后裙片作为毛缝样板。

**2．制作直裙原型的毛缝样板的一般步骤**

（1）裙摆放缝

选择后裙片，执行"对象"→"变换"→"大小"命令，弹出"变换"泊坞窗，如图 10-35 所示，调整 y=58.8cm（放缝 2cm）、宽度 x 不变，如图 10-36 所示，勾选"对齐中上位置"，单击"应用"按钮完成裙摆放缝。执行"对象"→"顺序"→"到图层后面"命令，将毛样放在净样的后面，如图 10-37 所示。

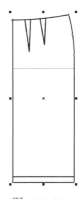

図　10-35　　　　　　　　图　10-36　　　　　　　　图　10-37

（2）裙腰止口放缝

选择后裙片毛样，执行"对象"→"变换"→"大小"命令，弹出"变换"泊坞窗，如图 10-38 所示。调整 y=59.8cm（放缝 1cm）、宽度 x 不变，勾选"对齐中下位置"，单击"应用"按钮，完成裙腰止口放缝，如图 10-39 所示。

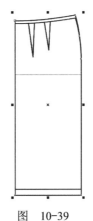

图　10-38　　　　　　　　　　图　10-39

（3）侧缝放缝

选择后裙片毛样，执行"对象"→"变换"→"大小"命令，弹出"变换"泊坞窗，调整宽度 x=23.5cm（放缝 1cm）、高度 y 不变，勾选"对齐左中位置"，如图 10-40 所示。单击"应用"按钮完成侧缝放缝，如图 10-41 所示。直裙前片的放缝方法与此相同。

119

 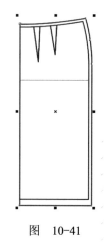

图 10-40　　　　　　　　　　　　　图 10-41

### 3．完成直裙原型样板的制作

直裙原型样板前、后片均为左右对称图形，准确地表达方式是将前中线和后中线由实线修改成用点画线来表示样板的对折。

1）选择直裙后片毛缝样板，执行"编辑"→"复制"、"编辑"→"粘贴"命令，复制直裙后片毛缝样板，利用"挑选工具"结合 <Alt> 键选择下层直裙后片毛缝样板，右键单击"调色板"⊠，清除轮廓线，填充为"蓝色"，如图 10-42 所示。利用"挑选工具"选择上层直裙后片毛缝样板，利用"形状工具"框住左后中线，如图 10-43 所示。

2）单击形状属性栏中的"断开曲线"按钮，执行"对象"→"打散"命令，利用"挑选工具"选择后中线，如图 10-44 所示。单击属性栏中的轮廓样式选择器，选择点画线，如图 10-45 所示，左后中线变成点画线。

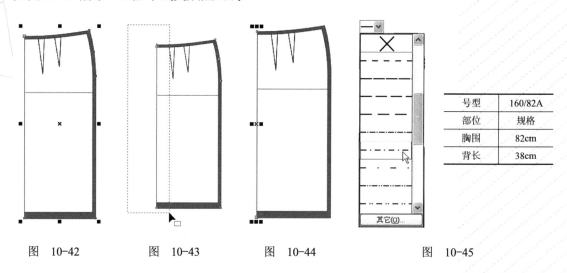

图 10-42　　　　图 10-43　　　　图 10-44　　　　图 10-45

3）选择直裙后片净缝样板，利用"形状工具"框住左后中线，如图 10-46 所示。单击形状属性栏中的"断开曲线"按钮，执行"对象"→"打散"命令，利用"挑选工具"选择左后中线，按 <Delete> 键将其删除，如图 10-47 所示。

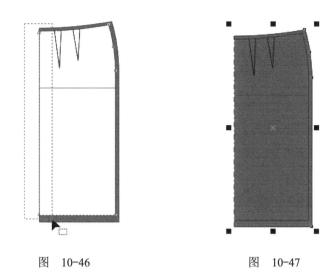

图　10-46　　　　　　　　　　　　图　10-47

用同样的方法修改直裙原型前片图形，保存文件。

## 触类旁通

其他样板如图 10-48 ～图 10-50 所示，分别为女上衣原型、男上衣原型、女内裤原型，有兴趣的同学可以按这些样板进行设计变化。

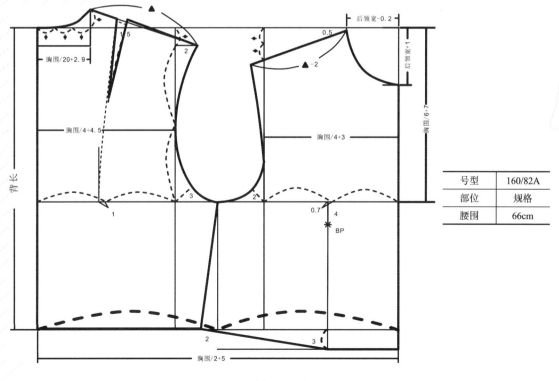

| 号型 | 160/82A |
| --- | --- |
| 部位 | 规格 |
| 腰围 | 66cm |

图　10-48

121

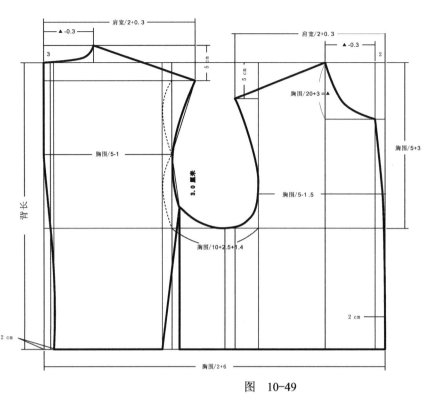

| 号型 | 170/92A |
|---|---|
| 部位 | 规格 |
| 胸围 | 92cm |
| 背长 | 44cm |
| 肩宽 | 43cm |

图 10-49

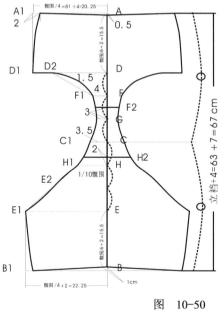

| 髋围 | 81cm |
|---|---|
| 立裆长 | 63cm |

图 10-50

## ■ 知识拓展

**1．表格的绘制**

1）"表格工具"是 CorelDRAW X7 新增的工具，主要用于绘制表格图形。表格图形除了可以作为图标外，还可以作为文本框，在其中输入文字。选择工具箱中的"表格工具"⊞，在属性栏中可设置表格的大小、表格的行数和列数等参数，如图 10-51 所示。

图 10-51

2）单击属性栏中的⊡按钮可设置表格的填充颜色、边框、轮廓色等参数，如图 10-52 所示。

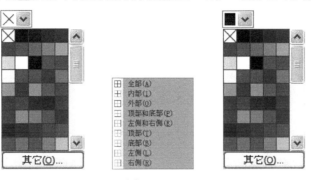

图 10-52

3）不同的设置会对不同的表格产生影响，如图 10-53 所示。

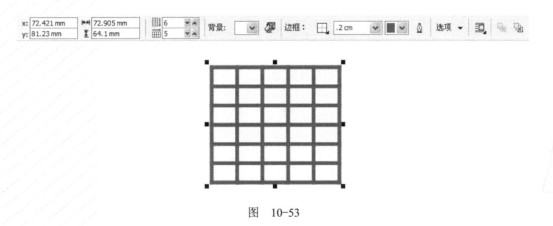

图 10-53

**2．拖动表格**

选择绘制的表格，执行"对象"→"打散表格"→"取消群组"命令，利用"挑选工具"拖动被打散的表格，对比与使用"图纸工具"所绘制的图形的区别。

## 实战强化

1）熟悉 CorelDRAW X7 直裙原型样板制作的绘图环境与一般步骤。

2）绘制直裙原型样板的净样与毛样。

3）绘制男、女上衣原型样板。

4）绘制女内裤原型样板。

5）了解知识拓展内容。

# 项目 11　设计制作单

## 职业能力目标

1）熟练掌握从 CorelDRAW X7 导出图片并插入 Microsoft Excel 的方法。
2）熟练利用 Microsoft Excel 完成设计制作单。
3）了解服装基本部位的尺寸数据。
4）掌握制作单上的工艺说明及常用术语。

## 项目情境

设计师设计好款式以后，通常由设计主管部门挑选出部分合适的款式生产出样板，设计跟单就根据设计师的设计图用 Microsoft Excel 绘制出板单，并将设计图插入到表格中。

## 项目分析

跟单是设计师和生产者之间的桥梁，要想完成这项任务，不仅是绘制出几个表格那样简单，还需要较好的沟通能力、相关的服装知识及业务能力。

## 项目实施

### 1．打开 Microsoft Excel

执行"开始"→"程序"→"Microsoft Office"→"Microsoft Office Excel"命令，在打开的空白 Excel 文件中，输入客户名称、款号、尺寸、工艺设计说明等文字及相应的数据，并插入图片，见表 11-1 ～表 11-3。

### 2．保存文件

✂ 提示　　插入的图片是在 CorelDRAW X7 中导出的，格式为 JPEG。图中的工艺设计说明需要符合汉语的相关要求。

表　11-1

| 某时装纺织有限公司 | | | | | | | | | |
|---|---|---|---|---|---|---|---|---|---|
| | | | | | | | | | |
| 板　单 | | | | | | | | | |
| | | | | | | | | | |
| 客户名称： | | | | | | | | | |

（续）

| 款　　号： | XX-101 | | | | | | | | | |
|---|---|---|---|---|---|---|---|---|---|---|
| 款　　式： | 短袖 | | | | | | 出单日期： | | 2016-7-22 | |
| 布　　料： | 26S/1 精梳棉平纹布 | | | | | | 板　　期： | | 2016-7-29 | |

| 样板类型 | 颜色 | 数量 | 备注 |
|---|---|---|---|
| | 漂白 | 3 | |
| | 苹果绿 | 3 | |
| | 粉黄 | 3 | |
| | 光蓝 | 3 | |

| 尺寸　　单位：cm | L | |
|---|---|---|
| 胸阔（夹下 2cm） | 57 | |
| 脚阔 | 56 | |
| 衫长（膊尖度） | 73 | |
| 肩宽 | 50 | |
| 袖长 | 24.5 | |
| 夹圈（斜直量） | 25.4 | |
| 袖口阔 | 37 | |
| 领宽（骨至骨） | 17.5 | |
| 前领深（水平线） | 10 | 做工： |
| 脚高 | 2 | 1）领 1×1 罗纹辘上，面坑冚双线 |
| | | 2）四线全棉纳膊（纳膊落膊头绳于后幅） |
| | | 3）袖口原身折布入 2cm，冚双针。针距 0.5cm |
| | | 4）衫脚原身布折入 2cm 冚双针。针距 0.5cm |
| 样板布色 | | 5）前幅拼幅，不用走散口，面冚 0.3 双针 |
| | | 前后幅印花 |

表　11-2

**某时装纺织有限公司**

| | | | | | | | | |
|---|---|---|---|---|---|---|---|---|

**板　单**

| | | | | | | | | |
|---|---|---|---|---|---|---|---|---|
| 客户名称： | | | | | | | | |
| 款　　号： | XX-102 | | | | | | | |
| 款　　式： | 短袖 | | | | | 出单日期： | 2016-7-22 | |
| 布　　料： | 平纹布 | | | | | 板　　期： | 2016-7-29 | |

| 样板类型 | 颜色 | 数量 | 备注 | | | | |
|---|---|---|---|---|---|---|---|
| | 乳白 | 3 | | 图样： | | | |
| | 土黄 | 3 | | | | | |
| | 浅灰 | 3 | | | | | |
| | 桃红 | 3 | | | | | |

| 尺寸 | 单位：cm | L | | | | | |
|---|---|---|---|---|---|---|---|
| 胸阔（夹下 2cm） | | 57 | | | | | |
| 脚阔 | | 56 | | | | | |
| 衫长（膊尖度） | | 73 | | | | | |
| 肩宽 | | 50 | | | | | |
| 袖长 | | 24.5 | | | | | |
| 夹圈（斜直量） | | 25.4 | | 做工： | | | |
| 袖口阔 | | 37 | | 1）领用扁机辘上，后领捆用原身布包子口 | | | |
| 领宽（骨至骨） | | 17.5 | | 2）膊走前 1.5cm，落全棉膊头绳在后幅，间单线 | | | |
| 前领深（水平线） | | 10 | | 3）上半胸印花．拼接下半衫是净色．净色面间双线 | | | |
| 领尖 | | 6.8 | | | | | |
| 后领高 | | 8 | | 4）前中开正胸筒，开一横一竖纽门．订 2 粒纽筒边压线 | | | |
| 筒长×阔 | | | | | | | |
| 领长 | | 43 | | 5）夹圈压边线．压线时要注意夹圈形要圆顺，不可有大小子口 | | | |
| 脚高 | | 2 | | | | | |
| 袖口高 | | 2 | | 6）袖口用原身布折入 2cm 㠯双针，0.5cm 针距 | | | |
| | | | | 7）衫脚用原身布折入 2cm 㠯双针，0.5cm 针距 | | | |
| | | | | 注意：筒长×阔由师傅自订 | | | |

表  11-3

**某时装纺织有限公司**

**生产制作单**

| 客户名称： | | | | | | 发单日期： | | |
| --- | --- | --- | --- | --- | --- | --- | --- | --- |
| 制单 NO： | | | | | | 落货日期： | | |
| 客户款号： | | | | | | 制单数量： | | |
| 布料说明： | | | | | | | | |
| 主　　布： | | | | | | | | |
| 配　　布： | | | | | | | | |

尺寸表：

| 部位尺寸 ＼ 码数 | | S | M | L | XL | 英寸 | 示意图： |
| --- | --- | --- | --- | --- | --- | --- | --- |
| A | 胸宽（夹下 1"） | | | | | | |
| B | 脚阔（松度） | | | | | | |
| C | 领口阔 | | | | | | |
| D | 前领深（肩高点度） | | | | | | |
| E | 后领深 | | | | | | |
| F | 领高（罗纹） | | | | | | |
| G | 夹圈（直度） | | | | | | |
| H | 袖口宽 | | | | | | |
| I | 袖口高 | | | | | | |
| J | 脚高 | | | | | | |
| K | 肩阔 | | | | | | |
| L | 袖长（肩顶度） | | | | | | |
| M | 旗唛位（底离脚） | | | | | | |
| N | 后中长 | | | | | | |
| O | 袖阔（夹底 1"） | | | | | | |
| P | 筒阔×筒长 | | | | | | |

细数分配：

| 色号 | | 颜色 | 数量 | 码数 | | | 总计 | |
| --- | --- | --- | --- | --- | --- | --- | --- | --- |
| S | | | | | | | | |
| L | | | | | | | | |
| | | | | | | | | |
| | | | | | | | | |
| | | | | | | | | |

做工描述：

| | | | | | | | |
| --- | --- | --- | --- | --- | --- | --- | --- |
| | | | | | | | |
| | | | | | | | |
| | | | | | | | |
| | | | | | | | |
| | | | | | | | |

（续）

| 开单人： | | | | | | | | | | |
|---|---|---|---|---|---|---|---|---|---|---|
| | | | | | | | | | | |
| | | | | | | | | | | |

## ■实战强化

1）在 Microsoft Excel 中绘制类似于表 11-1 和表 11-2 的生产设计单。

2）在 Microsoft Excel 中绘制类似于表 11-3 的生产制作单。

# 项目 12 背心款式设计

## 职业能力目标

1）熟练掌握"视图"→"标尺"命令，对辅助线进行操作。

2）熟练掌握"窗口"→"图层"命令及面板的操作。

3）掌握"窗口"→"历史记录"命令及面板的操作。

4）熟练掌握"钢笔工具"的使用方法。

5）熟练掌握"油漆桶工具"和"渐变工具"的使用方法。

## 项目情境

男式正装包括礼服套装和常服套装。礼服尤其是制式礼服具有非常严格的着装标准，这类时装的设计在款式与廓型上的变化较小，甚至在配色上都有严格的规定。常服套装虽然也是针对相对正式场合的一种穿衣方式，但具有更大的创意设计空间。背心是常服套装中不可或缺的款式之一，由于其造型简单，是学习 Photoshop CS6 辅助服装设计入门的最佳款式选择之一。

## 项目分析

以辅助线定位的方式绘制背心。绘制时在领、口袋、衣长、门襟等方面都可以有一些改变。在衣片口袋位置进行了直线分割，面料、色彩可以按照个人的喜爱自由选择，在设计时还须分析流行趋势，使设计出的背心既符合一定的穿着用途，又能体现时尚的风貌。

## 项目实施

### 1. 背心款式设计的绘图环境

打开 Photoshop CS6 软件，执行"文件"→"新建"命令打开"新建"对话框，设置"国际标准纸张"，"分辨率"为 300 像素 / 英寸，单击"确定"按钮，如图 12-1 所示。执行"窗口"→"导航器"命令，打开导航器，移动滑块可以调整图像大小比例。单击"窗口"中的"图层"按钮，打开图层面板，新建图层，如图 12-2 所示。默认背景色为白色。

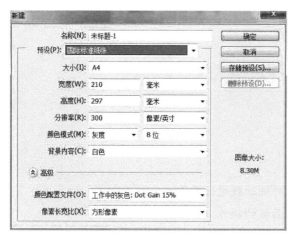

图　12-1　　　　　　　　　　　　　　　　图　12-2

## 2．背心款式设计的一般步骤

（1）设置辅助线

执行"视图"→"标尺"命令，显示标尺，分别按住水平标尺和垂直标尺拖动，在绘图区域适当的位置设置辅助线，如图 12-3 所示。利用工具箱中的"移动工具"可以调整辅助线的位置。

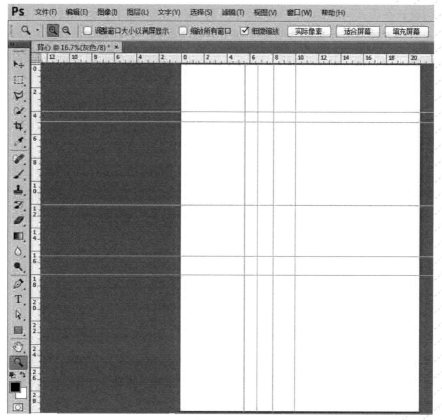

图　12-3

（2）绘制背心左侧轮廓

利用"钢笔工具" 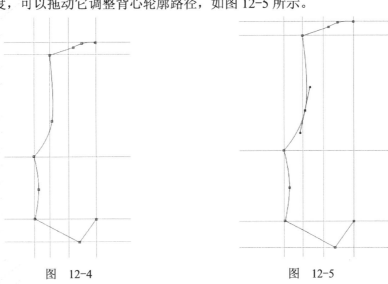 从右上角开始逆时针绘制背心左侧轮廓路径，如图 12-4 所示。利用"钢笔工具"结合"路径选择工具" （快捷键 <A>），在空白处单击进行绘制。利用"直接选择工具" （快捷键 <Shift+A>），单击路径上的节点进行调整，弧形上的节点由方向线控制弧度，可以拖动它调整背心轮廓路径，如图 12-5 所示。

图　12-4　　　　　　　　　　　　　　　图　12-5

（3）描边背心轮廓线

选择"铅笔工具" ，在工具选项栏中设置参数，如图 12-6 所示。在"图层"面板上单击"路径"选项卡，激活路径面板，在"工作路径"上单击鼠标右键，在弹出的快捷菜单中选择"描边路径"命令，如图 12-7 所示。在弹出的"描边路径"对话框中将"工具"选为"铅笔"，并单击"确定"按钮，如图 12-8 所示。得到背心的左侧轮廓，如图 12-9 所示。

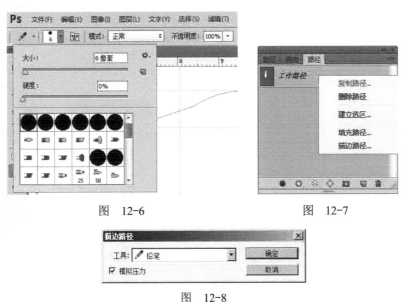

图　12-6　　　　　　　　　　　　　　　图　12-7

图　12-8

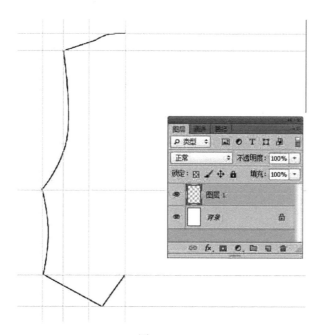

图 12-9

（4）绘制领口、省道和口袋

执行"窗口"→"历史记录"命令，可以在"历史记录"中随时选择某一个步骤，以还原到之前做过的步骤，在"路径"面板上单击"创建新路径"按钮 ，在新路径上利用"铅笔工具"进行领口弧线、省道线的绘制，可结合"路径选择工具" 进行，如图 12-10 所示。按照同样的步骤绘制描边路径，按照相同的方法绘制口袋和后领弧线，如图 12-11 所示。

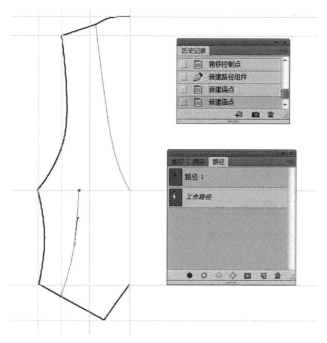

图 12-10

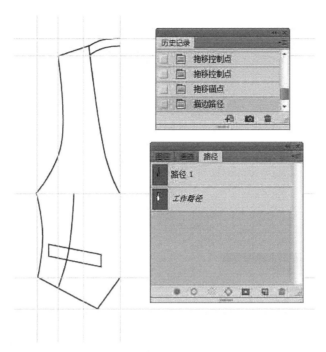

图　12-11

（5）复制、镜像

利用"移动工具" <img>+<Alt> 键拖动图形，复制得到图层 1 副本，如图 12-12 所示。选择"编辑"→"自由变换"命令，结合 <Ctrl+T> 组合键，在图形上单击鼠标右键，在弹出的快捷菜单中选择"水平翻转"命令，如图 12-13 所示。拖动镜像的图形到合适的位置，如图 12-14 所示。

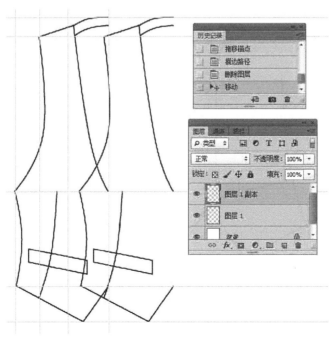

图　12-12

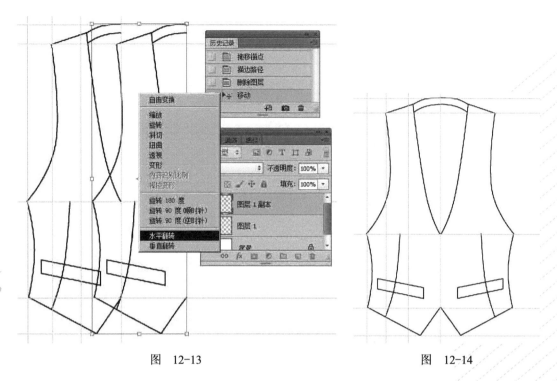

图　12-13　　　　　　　　　　　　　　　　　图　12-14

（6）绘制门襟

利用"钢笔工具" 从领口处绘制门襟路径，在图层一绘制描边路径，如图 12-15 所示。

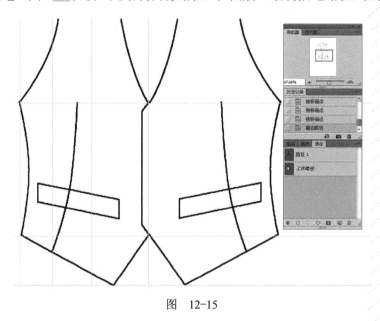

图　12-15

（7）绘制纽扣

在"路径"面板上单击"创建新路径"按钮，将它命名为"纽扣"。在纽扣路径上利用"椭圆形工具" ＋<Ctrl>键绘制正圆，工具选项栏设置如图 12-16 所示。利用"路径选择工具"

+<Alt> 键拖动圆形，重复 3 次绘制 4 颗纽扣，如图 12-17 所示。利用"路径选择工具"
结合小键盘上的上、下、左、右键，调整第一颗和最后一颗纽扣的位置，如图 12-18 所示。
利用"路径选择工具" +<Shift> 键分别单击 4 个圆形，同时选中它们，在工具选项栏中将
"路径对齐方式"设为"按高度均匀分布"，如图 12-19 所示，描边完成纽扣的绘制。

图　12-16

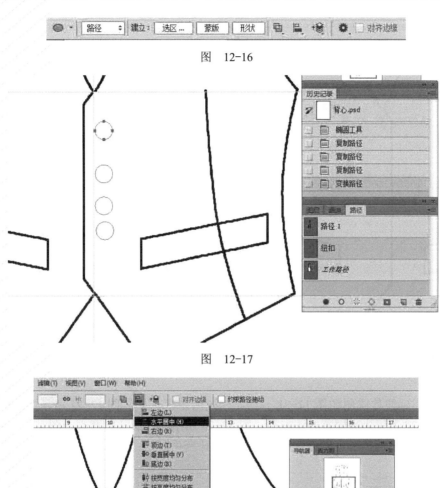

图　12-17

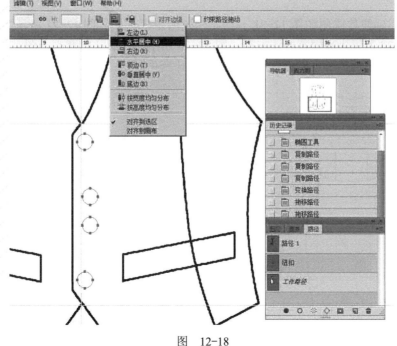

图　12-18

135

（8）完成背心款式设计，保存文件

完成背心款式设计后，利用"油漆桶工具" 🖌 选择前景色为白色，填充白色并保存文件，如图 12-20 所示。

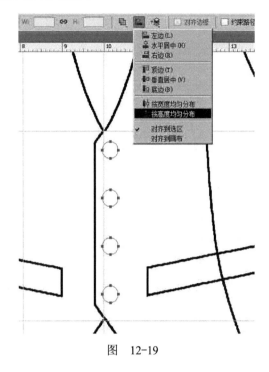

图 12-19

图 12-20

## 触类旁通

其他背心延伸款式图如图 12-21～图 12-24 所示，其中，图 12-21 所示为水滴无袖连衣裙，图 12-22 所示为高腰背心连衣裙，图 12-23 所示为针织开衫背心，图 12-24 所示为多功能马甲，有兴趣的读者可以按这些样式进行设计变化。

图 12-21

图 12-22

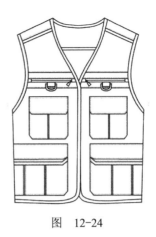

图　12-23　　　　　　　　　　　　　图　12-24

## ■知识拓展

对象缉明线的处理

### 1. 铅笔设置

"铅笔"功能主要用于缉明线对象上虚线部分的绘制。例如，绘制高腰背心连衣裙上的弧形虚线时"铅笔"的设置如图 12-25 所示，先用"钢笔工具"绘制再绘制描边路径。绘制多功能马甲的直形虚线时"铅笔"设置为略细的虚线，如图 12-26 所示。略粗的虚线的设置如图 12-27 所示。

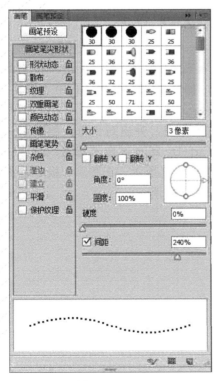

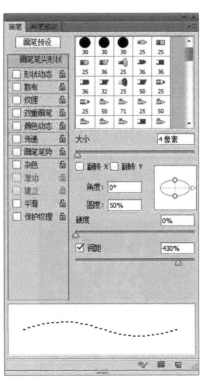

图　12-25　　　　　　　　　　　　　图　12-26

137

图　12-27

## 2．对象填充

"对象填充"是指在绘制的图形内部填充不同的颜色或图案，包括选区填充和路径填充两类。

（1）选区填充

1）油漆桶填充。打开"小花 .Jpg"图例，如图 12-28 所示，利用"魔棒工具" 选择白色花枝部分，得到选区，如图 12-29 所示。新建图层 1，利用"油漆桶工具" （快捷键 <G>），双击"前景色"图标 设置前景色，弹出对话框，如图 12-30 所示。选择"粉红色"填充，如图 12-31 所示。按 <Ctrl+D> 组合键取消选区，新建图层 2，按 <Ctrl+Delete> 组合键利用背景色填充图层，如图 12-32 所示。在图层面板中将图层 2 拖到图层 1 下面，如图 12-33 所示。完成填充，如图 12-34 所示。

图　12-28

图　12-29

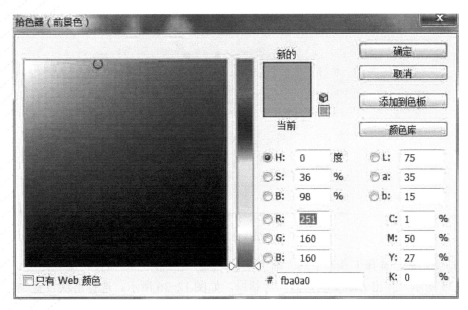

图　12-30

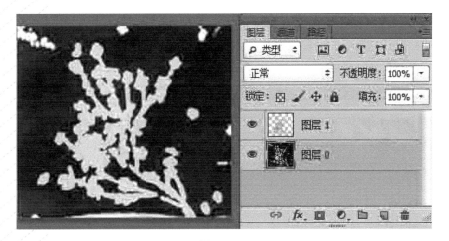

图　12-31

图　12-32

图　12-33

139

图　12-34

2）渐变填充。选择工具箱中的"渐变工具" ，在选项栏"点按可编辑渐变"处单击，如图 12-35 所示。弹出"渐变编辑器"对话框，如图 12-36 所示。选择滑块设置颜色为粉蓝到白色的渐变，如图 12-37 所示。

图　12-35

图　12-36

图　12-37

图层 1 的缩略图如图 12-38 所示。选中小花，新建图层 3，在选区中单击起始点并拖动到终点松手，完成渐变填充，如图 12-39 所示。

3）图案填充。按 <Ctrl+D> 组合键取消选择，执行"编辑"→"定义图案"命令，弹出"图案名称"对话框，可为文件命名，如图 12-40 所示。

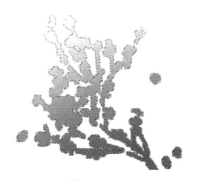

图 12-38                     图    12-39

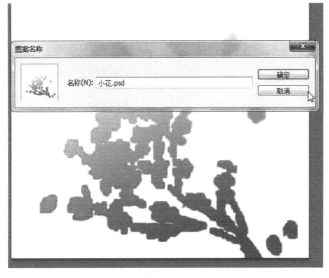

图    12-40

执行"文件"→"新建"命令新建大小为"A4""分辨率"为300像素/英寸的文件，单击"确定"按钮。执行"编辑"→"填充"命令，弹出"填充"对话框，其设置如图12-41所示。单击"确定"按钮完成四方连续图案填充，如图12-42所示。

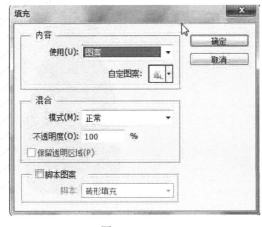

图    12-41

图    12-42

141

（2）路径填充

利用"钢笔工具" ，从右上角开始逆时针绘制圆领连衣裙左侧轮廓路径，利用"路径选择工具"拖动并复制圆领连衣裙左侧轮廓路径，按 <Ctrl+T> 组合键自由变换路径，在复制的路径上单击鼠标右键进行水平翻转，绘制圆领连衣裙，如图 12-43 所示。注：绘制路径时，利用"钢笔工具"结合"路径选择工具"在空白处单击，交互进行绘制，允许由任意位置开始绘制，路径"不受方向限制。"

1）前/背景色填充。利用"路径选择工具" 选中部分路径，单击鼠标右键，选择"填充子路径"命令，可进行局部填充，如图 12-44 所示。填充效果如图 12-45 所示。

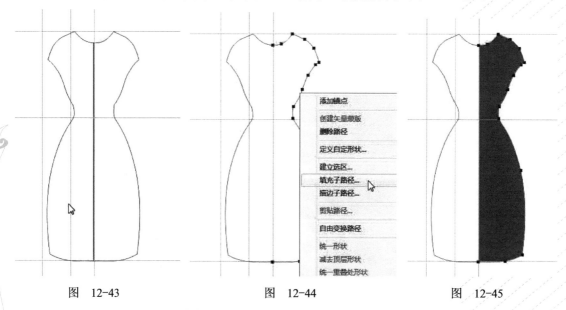

图　12-43　　　　　图　12-44　　　　　图　12-45

利用"路径选择工具" ，不选择任何路径，在圆领连衣裙上单击鼠标右键，在弹出的快捷菜单中选择"填充路径"命令进行填充，填充效果如图 12-47 所示。

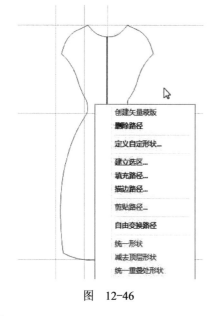

图　12-46

图　12-47

142

2）图案填充。新建图层，利用"路径选择工具"█，不选择任何路径，在圆领连衣裙上单击鼠标右键，在弹出的快捷菜单中选择"填充路径"命令，如图 12-48 所示。在弹出的对话框中选择"图案"模式，如图 12-49 所示。选择小花图案，可进行图案填充，如图 12-50 所示。利用"路径选择工具"█选中部分路径，单击鼠标右键，在弹出的快捷菜单中选择"填充子路径"命令，可进行局部图案填充。

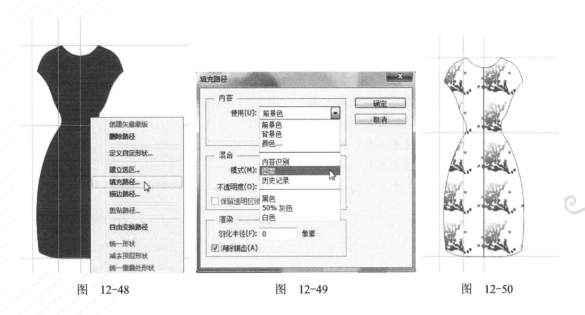

图　12-48　　　　　　　　　　图　12-49　　　　　　　　　　图　12-50

## 实战强化

1）熟悉 Photoshop CS6 背心款式设计的绘图环境与一般步骤。

2）绘制背心款式设计图并进行设计变化。

3）绘制其他背心延伸款式图例。

4）了解知识拓展内容。

# 项目 13 套装款式设计

**职业能力目标**

1）熟练掌握"窗口"→"路径"命令及面板的操作。
2）熟练掌握"钢笔工具"的使用方法。
3）熟练掌握"自由钢笔工具"的使用方法。
4）熟练掌握"添加锚点工具"的使用方法。
5）熟练掌握"删除锚点工具"的使用方法。
6）熟练掌握"转换点工具"的使用方法。

## 项目情境

画好线条是画好套装款式设计最根本的要求。收放自如的线条能充分发挥服装的魅力，体现出套装款式设计的艺术特色。另外还要把握好比例，肩宽、衣长、腰围、臀围等都是要特别注意的部位。在 Photoshop CS6 中进行款式设计，重点是掌握好关键的工具和命令，这样才能正确表达设计理念，设计出完美的套装款式作品。

## 项目分析

套装款式设计主要是通过以输入图片为参考的方式，利用"贝塞尔工具"将人体和时装勾勒下来，再进行款式修改及填色，方便初学者学习服装设计。它是一种简单易学的计算机辅助设计方法。本项目针对服装款式进行详细分析，可以举一反三，灵活运用。

## 项目实施

### 1. 套装款式设计的绘图环境

执行"文件"→"打开"命令，打开例图"套装.jpg"文件，如图 13-1 所示。执行"图像"→"画布大小"命令，如图 13-2 所示。弹出"画布大小"对话框，设置"宽度"为"21"厘米，"高度"为"29.7"厘米，单击"确定"按钮，如图 13-3 所示。执行"图像"→"图像大小"命令，设置"分辨率"为 200 像素 / 英寸，如图 13-4 所示。

利用"矩形选区工具"框选套装，如图 13-5 所示。按 <Ctrl+T> 组合键自由变换，按 <Shift> 键拖动右上角的节点调整大小，移动到适当的位置，如图 13-6 所示。

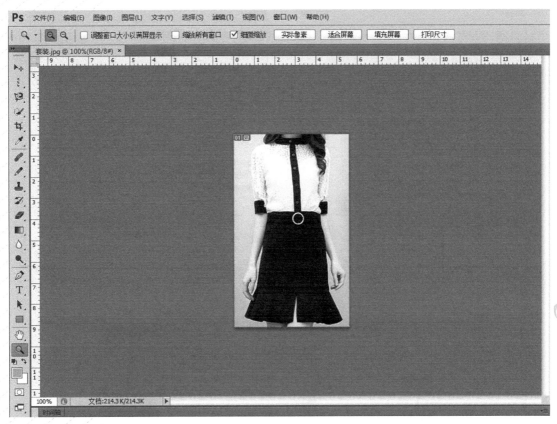

图　13-1

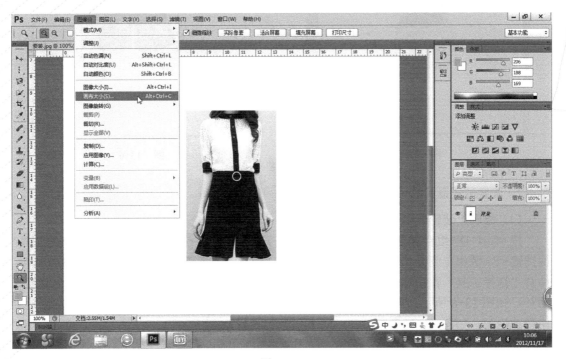

图　13-2

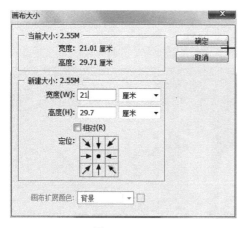

图 13-3

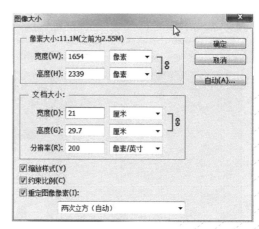

图 13-4

图 13-5

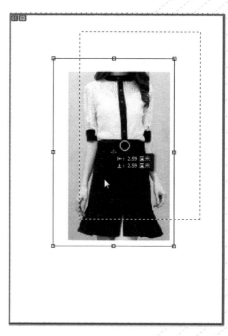

图 13-6

### 2. 套装款式设计的一般步骤

（1）绘制上装轮廓路径

按 <Ctrl+D> 组合键取消选择，执行"窗口"→"路径"→"新建"命令，按"钢笔工具"快捷键 <P> 键由左侧开始建立，可利用"直接选择工具"调整节点方向线，如图 13-7 所示。结合"选择工具"在空白处单击，用"钢笔工具"再由领肩点到搭门线到下摆及侧缝绘制路径，如图 13-8 所示。回到起点，绘制领口线到止口线及衣纹线等，完成上装左侧轮廓路径的绘制，如图 13-9 所示。

✂提示　采用输入照片为参考的方式，绘图时要删繁就简，尽量简单明了，概括线条使其规范易处理，例如，门襟处理成垂直的，方便接下来进行镜像等操作；扎进腰部的下摆做适当加长处理。

图　13-7

图　13-8

图　13-9

（2）完成上装轮廓图

新建图层 1 并命名为"轮廓"，如图 13-10 所示。在"铅笔工具"的选项栏中设置"大小"为"6 像素"，如图 13-11 所示。

图　13-10

图　13-11

设置默认前背景色，在路径面板中执行"描边路径"命令，如图 13-12 所示。得到上装左侧轮廓，如图 13-13 所示。

图　13-12

图　13-13

在图层面板中将"轮廓"图层拖到"新建"处松手，如图 13-14 所示，复制左侧轮廓。新建纽扣路径，在路径面板空白处单击，如图 13-15 所示，取消选择路径。

图　13-14

图　13-15

在背景图层上新建"图层 1"，填充白色，单击"轮廓副本"图层，如图 13-16 所示，按 <Ctrl+T> 组合键自由变换复制的轮廓，水平翻转，移动到合适位置，参照项目 12 中的背心设计方法，利用"椭圆工具"○完成纽扣绘制并对齐。完成上装轮廓图，如图 13-17 所示。

图　13-16

图　13-17

（3）绘制裙子轮廓

在图层面板中单击白色"图层 1"和上装轮廓图层的◉，不显示上装。利用相同的方法，在路径面板新建裙子路径，绘制左侧轮廓路径，如图 13-18 所示。在路径面板复制裙子左侧轮廓路径，如图 13-19 所示。

新建裙子图层，对称完成裙子轮廓，单击裙子副本图层右上角的▤按钮，执行"向下合并"命令如图 13-20 所示，将左右裙子拼合在一个图层中。完成裙子轮廓，如图 13-21 所示。

（4）完成套装款式设计，保存文件

利用同样的方法合并上装图层，利用"移动工具"▶┿分开上下装完成套装款式设计，如图 13-22 所示，保存文件。

✂提示　通过对优秀作品的临摹可以学到许多不同风格套装款式设计的表现技巧。

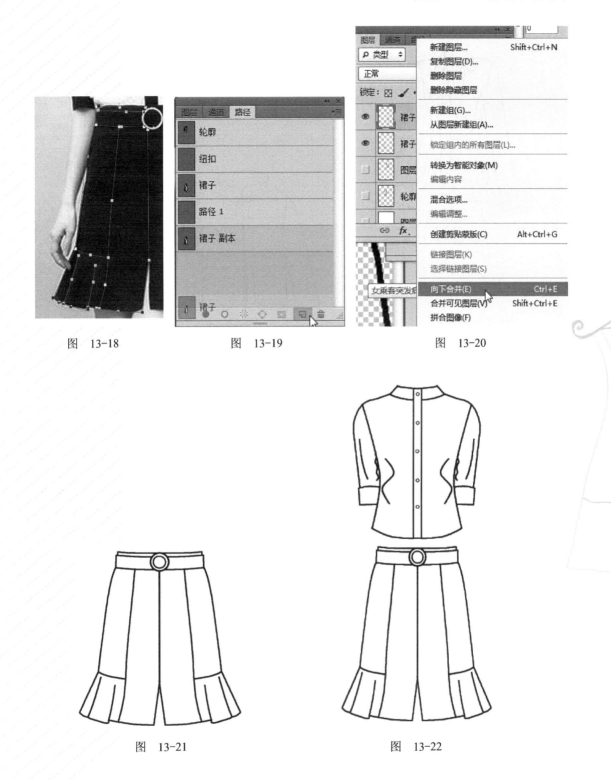

图　13-18　　　　　　　　图　13-19　　　　　　　　图　13-20

图　13-21　　　　　　　　　　　　　图　13-22

## 触类旁通

其他套装款式设计如图 13-23 和图 13-24 所示，都是在 Photoshop CS6 中设计绘制的套装款式设计作品，有兴趣的读者可以按这些方法设计变化。

图 13-23 　　　　　　　　　　　　　　图 13-24

### ▣知识拓展

#### 1. "钢笔工具"

工具箱中的"钢笔工具" <img> （快捷键 <P>）可以用来创建路径和形状，在选项栏中可对其形状、路径和像素进行设置，如图 13-25 所示。绘制时拖动鼠标单击再拖动再单击，创建弧线，如图 13-26 所示。继续单击创建直线，如图 13-27 所示。也可以创建直线和弧线混合的图形，如图 13-28 所示。按 <Backspace> 键，按一次可以还原一步，按两次则删除全部。按 <Ctrl+Alt+Z> 组合键则可以还原图形，可以还原多次。"钢笔工具"还可以结合"路径选择工具" <img> 和"直接选择工具" <img> 使用。

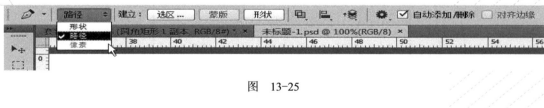

图 13-25

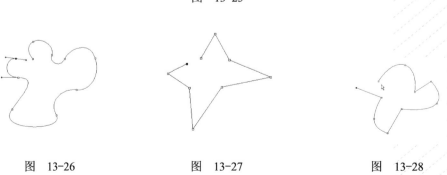

图 13-26 　　　　　　图 13-27 　　　　　　图 13-28

### 2. "自由钢笔工具"

"钢笔工具"中的"自由钢笔工具"🖊，组合键为 <Shift+P>，可以用来创建任意造型的路径形状。单击起点，再随意拖动鼠标直到结束再单击，也可以根据需要随时单击确定点，如图 13-29 所示。具备磁性钢笔功能，还可以自动吸附点创建路径和形状，勾选工具选项栏中的☑磁性的，打开"女立领 .jpg"图片，在图片轮廓和结构线处移动鼠标，如图 13-30 所示。得到轮廓线和结构线路径，如图 13-31 所示。

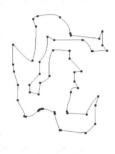

图　13-29　　　　　　　　　　图　13-30　　　　　　　　　　图　13-31

### 3. "添加锚点工具"

"钢笔工具"中的"添加锚点工具"🖊用来在路径上添加节点。

### 4. "删除锚点工具"

"钢笔工具"中的"删除锚点工具"🖊用来删除路径上的节点。

### 5. "转换点工具"

"钢笔工具"中的"转换点工具"🖊用来转换直线点和弧线点的属性。

## 实战强化

1）熟悉 Photoshop CS6 套装款式设计的绘图环境与一般步骤。

2）绘制其他套装款式设计图例。

3）了解知识拓展内容。

# 项目 14　服装效果图

## 🔖职业能力目标

1）熟练掌握绘图板的使用方法。
2）掌握画笔及"橡皮擦工具"的使用方法。

## ◾项目情境

画好线条是画好服装效果图最根本的要求。收放自如的线条能充分发挥服装的魅力，体现出服装效果图的艺术特色。好的服装效果图能准确表达出设计师的设计意图和构思，还能准确表达出服装各部位的比例结构。这在 Photoshop CS6 中相对难度较大，但同时也能充分体现出服装设计师的精湛技艺与高超水平。

## ◾项目分析

绘制服装效果图的方法有两种，一是利用绘图板结合手绘基础绘制服装效果图，利用"橡皮擦工具"等调整服装效果图使其具有美感，这种方法要求设计师对人体结构比例有一定的认识，具有一定的美术基础；二是利用"贝塞尔工具"将人体和时装勾勒下来，再进行款式修改及填色。第二种方法相对来说较为简单，对设计师的美术功底要求不高。在两种方法中都可以输入服装效果图参考图片进行辅助设计。

## ◾项目实施

### 1．服装效果图的绘图环境

执行"文件"→"新建"命令，在"新建"属性设置窗口，"预设"为"国际标准纸张"，"分辨率"为"300 像素 / 英寸"单击"确定"按钮，如图 14-1 所示。执行"窗口"→"导航器"命令，打开导航器，移动滑块可以调整图像大小比例。执行"窗口"→"图层"命令，打开图层面板，新建图层，如图 14-2 所示，默认背景色为白色。

### 2．绘制服装效果图的一般步骤

（1）绘制头部轮廓及五官

结合如图 14-3 所示的绘图板，打开"画笔工具"中的"窗口"菜单，选择"画笔"命令，按 <F5> 键，在弹出的对话框中设置画笔，如图 14-4 所示。"大小"设置为 3 像素；"粗线"设置为 6 像素；"加粗线"设置为 8 像素，根据不同的需求可适当调整。执行"历史记录"命令可以返回之前的步骤。利用工具箱中的"橡皮擦" ✐ 可以清除、修改绘图，可以擦出粗细线的效果。绘制头部轮廓及五官，如图 14-5 所示。使用"椭圆选区"工具在瞳孔中选中高光点，按 <Ctrl+Delete> 组合键在背景色中填充高光来制作眼珠高光。

✕ 提示　利用绘图板的绘图笔作画，初学者会感觉比较难以控制效果，不如用纸笔手绘时顺畅，要进行大量的练习，才能掌握自如。

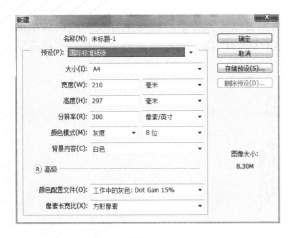

图　14-1

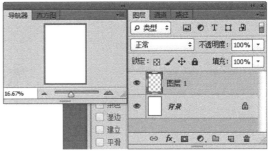

图　14-2

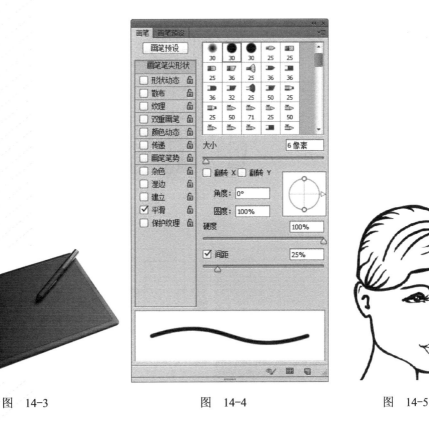

图　14-3　　　　　　　　图　14-4　　　　　　　　图　14-5

（2）完成轮廓图

将图层 1 命名为"轮廓"，按照"九头身"模特比例标准，利用工具箱中的"画笔工具"结合"橡皮擦工具" ✐ 等完成服装效果图轮廓，包括包和高跟鞋等，如图 14-6 所示。

（3）填充皮肤色

新建图层 2，命名为"皮肤色"，双击前景色，弹出对话框，设置前景色为（R：238，G：216，B：197）的皮肤色，单击"确定"按钮，如图 14-7 所示。

在轮廓图层，利用"魔棒工具"（快捷键为 <W+Shift>）选择要填充皮肤色的部分（注：要求绘制的整个轮廓为封闭的线条，如果有漏洞则可以放大检查，用画笔修复），在图层面板单击图层 2，使用"油漆桶工具"填充或按 <Alt+Delete> 组合键利用前景色填充，完成皮肤色的填充，如图 14-8 所示。

图　14-6

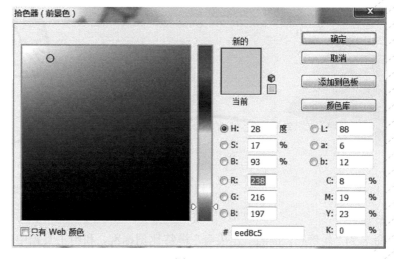

图　14-7

图  14-8

（4）头发与阴影的绘制

新建图层 3，命名为"阴影"，设置阴影前景色为（R：206，G：188，B：169），如图 14-9 所示。打开"画笔"设置对话框并设置画笔，如图 14-10 所示。"画笔"选项栏的相关参数设置，如图 14-11 所示。在皮肤色图层，利用"魔棒工具"选择要绘制阴影的轮廓和皮肤色部分，如图 14-12 和图 14-13 所示。头发与阴影绘制的效果如图 14-14 所示。

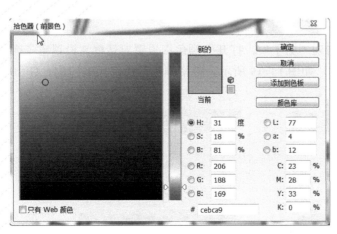

图  14-9

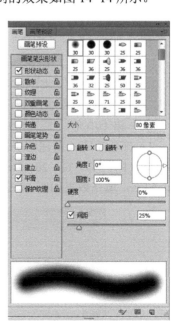

图  14-10

图　14-11

图　14-12

图　14-13

图　14-14

（5）面部彩妆

执行"窗口"→"颜色"命令，打开"颜色"设置对话框，设置腮红颜色为（R：239，G：199，B：196），眼影颜色为（R：176，G：203，B：219），唇膏颜色为（R：240，G：150，B：190），如图14-15～图14-17所示。画笔设置参考阴影绘制，根据需求调整大小，完成面部彩妆绘制，如图14-18所示。

（6）裙子填充

1）净色填充。新建图层并命名为"裙子"，打开"颜色"设置对话框，设置裙子颜色为大红（R：247，G：20，B：33），如图14-19所示。腰带颜色为深红（R：164，G：0，B：53），填充效果如图14-20所示。

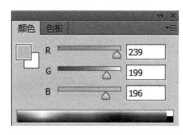

图　14-15

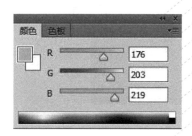

图　14-16

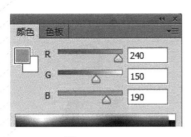

<table>
<tr><td>图　14-17</td><td>图　14-18</td></tr>
</table>

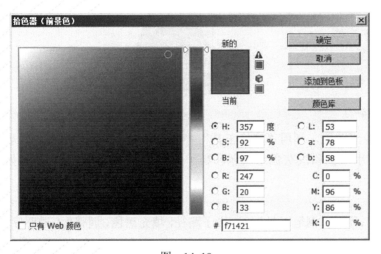

<table>
<tr><td>图　14-19</td><td>图　14-20</td></tr>
</table>

2）格子填充。新建图层并命名为"格子"。打开图层面板，按住 <Ctrl> 键并单击"裙子"图层，选中裙子，执行"编辑"→"填充"命令，在弹出的对话框中选择格子样式，如图 14-21 所示，填充效果如图 14-22 所示。

<table>
<tr><td>图　14-21</td><td>图　14-22</td></tr>
</table>

3）调整裙子的透明度。在图层面板拖动"格子"图层到"裙子"图层下面，并调整"裙子"图层的"不透明度"为"68%"，如图 14-23 所示。

4）绘制裙子阴影。参照阴影的绘制，利用画笔根据衣纹和褶皱绘制裙子的阴影，增加立体感，调整"不透明度"，绘制效果如图 14-24 所示。

图　14-23　　　　　　　　　　　图　14-24

5）绘制包和高跟鞋。在轮廓图层，利用"魔棒工具"+<Shift> 键选中高跟鞋和包，填充黑色，参照阴影的绘制，利用灰色和浅灰色绘制包和鞋子的光泽和立体感，绘制效果如图 14-25、图 14-26 所示。

（7）影子

新建图层并命名为"影子"，利用"钢笔工具"绘制影子路径，填充黑色，调整"不透明度"为"40%"，如图 14-27 所示。

图　14-25　　　　　　　　　　　图　14-26

图　14-27

（8）渐变背景色

　　双击图层面板中的"背景"图层，在弹出的对话框中将"名称"设置为"背景"，如图 14-28 所示。打开工具箱中的"渐变工具"，单击渐变选项栏"颜色"处打开"渐变编辑器"对话框，如图 14-29 所示。设置灰色（见图 14-30）到蓝色（见图 14-31）再到白色的 3 色渐变。在背景图层上单击开始点垂直拖动到结束点，绘制渐变背景色。

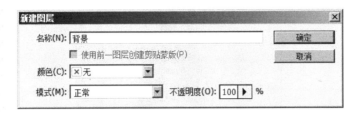

图　14-28

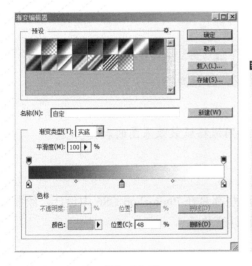

图　14-29

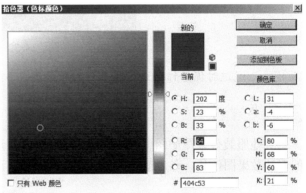

图　14-30

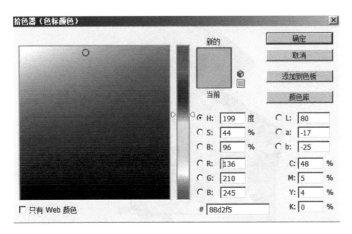

图　14-31

（9）完成服装效果图，保存文件

完成服装效果图并保存文件，如图 14-32 所示。还可以根据需要进行不同的色调搭配。

图　14-32

✂提示　通过对优秀作品进行临摹可以学习到许多不同风格服装效果图的表现技巧。

## 触类旁通

其他服装效果图如图 14-33 和图 14-34 所示，这些都是在 Photoshop CS6 中设计、绘制的服装效果图作品，有兴趣的读者可以按这些方法设计变化。

图　14-33

图    14-34

## 知识拓展

1．"缩放工具"

利用"缩放工具" 🔍（快捷键为 <Z>），在图形上单击并拖动后松开，可以放大图形。利用"缩放工具"（快捷键为🔍+<Alt>），在图形上单击则缩小图形。也可以在选项栏中通过单击放大、缩水图标进行缩放，如图 14-35 所示。

图    14-35

2．"抓手工具"

利用"缩放工具" 🖐 和 <Shift+Z> 组合键来移动放大的图形。在放大状态时，按 <Sapce> 键可切换为"抓手工具"。

## 实战强化

1）熟悉 Photoshop CS6 服装效果图的绘图环境与一般步骤。

2）利用画笔绘制轮廓。

3）绘制阴影。

4）填充颜色，填充格子。

5）绘制其他服装效果图图例。

6）了解知识拓展内容。